MANCHE
PAS DE CALAIS
Bruxelles
BELGIQUE
Lille
PAS DE CALAIS
Coblence
Arras
SOMME
Amiens
SEINE INFÉRIEURE
Rouen
OISE
Beauvais
Laon
EURE
Caen
CALVADOS
Evreux
SEINE
Versailles
PARIS
SEINE ET MARNE
MARNE
Châlons-sur-Marne
MEUSE
Metz
MOSELLE
Bar-le-Duc
Nancy
MEURTHE-ET-MOSELLE
ORNE
Alençon
Chartres
SEINE ET OISE
Melun
AUBE
Troyes
HAUTE MARNE
Chaumont
VOSGES
Épinal
MAYENNE
Laval
SARTHE
Le Mans
EURE-ET-LOIR
Orléans
LOIRET
YONNE
Auxerre
Vesoul
Belfort
Blois
Angers
Tours
LOIR-ET-CHER
NIÈVRE
Dijon
HAUTE-SAONE
Besançon
MAINE ET LOIRE
INDRE-ET-LOIRE
Bourges
INDRE
COTE D'OR
DOUBS
JURA
DEUX SÈVRES
Poitiers
Châteauroux
CHER
Nevers
SAONE-ET-LOIRE
SUIS
VENDÉE
Bourbon-Lancy
Moulins
Mâcon
Lons-le-Saunier
Niort
VIENNE
Guéret
ALLIER
Bourg
Genève
HAUTE SAVOIE
Annecy
CHARENTE
Limoges
CREUSE
Clermont Ferrand
LOIRE
RHONE
AIN
CHARENTE INFre
Angoulême
HAUTE-VIENNE
PUY-DE-DOME
Lyon
Rhône
Chambery
Saint-Étienne
Périgueux
CORRÈZE
Tulle
CANTAL
HAUTE LOIRE
Le Puy
Grenoble
SAVOIE
ISÈRE
DORDOGNE
Aurillac
Privas
Valence
HAUTES-ALPES
GIRONDE
LOT-ET-GARONNE
LOT
LOZÈRE
ARDÈCHE
DROME
Gap
BASSES ALPES
Agen
Cahors
Rodez
Mende
LANDES
TARN ET GARONNE
Montauban
Albi
AVEYRON
GARD
VAUCLUSE
Avignon
Digne
Nîmes
GERS
Auch
TARN
HÉRAULT
Montpellier
BOUCHES-DU-RHONE
Draguignan
VAR
Toulouse
Pau
Tarbes
HTE GARONNE
Carcassonne
Marseille
HAUTES-PYRÉNÉES
Foix
ARIÈGE
AUDE
MÉDITERRANÉE
PYRÉNÉES
Perpignan

MANCHE
PAS DE CALAIS
Bruxelles
BELGIQUE
Lille
PAS DE CALAIS
Arras
NORD
SOMME
Cob
AISNE
SEINE
INFÉRIEURE
Amiens
Mezières
LUXEMBOU
Rouen
OISE
Laon
ARDENNES
EURE
Beauvais
MEUSE
Metz
MANCHE
Caen
Châlons-sur-
Marne
MOSELLE
Saint-
Lô
CALVADOS
Evreux
SEINE
SEINE ET
MARNE
MARNE
Bar-le-Duc
Nancy
ORNE
Versailles
PARIS
Chartres
SEINE
ET
OISE
MEURTHE-ET-
MOSELLE
Alençon
Melun
AUBE
HAUTE
MARNE
ILLE-ET-
VILAINE
MAYENNE
SARTHE
EURE-ET-LOIR
Troyes
VOSGES
Seine
Rennes
Laval
Le Mans
Orleans
YONNE
Chaumont
Epin
LOIRET
Auxerre
Vesoul
Blois
Angers
Tours
LOIR-ET-
CHER
HAUTE-
SAONE
INFÉRIEURE
Loire
Dijon
Besançon
NIÈVRE
MAINE ET
LOIRE
Nantes
INDRE ET
LOIRE
Bourges
CÔTE D'OR
DOUBS
INDRE
Nevers
JURA
DEUX
SÈVRES
Roche-sur-Yon
CHER
SAÔNE-ET-LOIRE
Poitiers
Châteauroux
Bourbon-
Lancy
Lons-le-
Saunier
VENDÉE
Moulins
Mâcon
VIENNE
Niort
Guéret
Genève
ALLIER
Bourg
HAU
SAVOIE
Rochelle
CHARENTE
Limoges
CREUSE
RHONE
AIN
Annecy
Clermont-
Ferrand
LOIRE
CHARENTE
INF^re
Angoulême
HAUTE-VIENNE
Lyon
Rhône
PUY-DE-DOME
Chambery
Saint-
Etienne
CORRÈZE
Périgueux
SAV
Grenoble
Tulle
CANTAL
HAUTE
LOIRE
ISÈRE
DORDOGNE
Le Puy
BORDEAUX
Aurillac
Privas
Valence
HAU
ALPE
LOZÈRE
LOT
GIRONDE
LOT-ET-
GARONNE
ARDÈCHE
DROME
Cahors
Rodez
Mende
Gap
BASS
ALPE
Agen
TARN ET
GARONNE
GARD
LANDES
AVEYRON
VAUCLUSE
Digne
Montauban
Albi
Avignon
Mont-de-Marsan
GERS
Nimes
HÉRAULT
TARN
Auch
BOUCHES DU
RHONE
Toulouse
Montpellier
Draguigna
BASSES-
PYRÉNÉES
Pau
H^te
GARONNE
VAR
Tarbes
Carcassonne
Marseille
Foix
HAUTES-
PYRÉNÉES
ARIÈGE
AUDE
MÉDITERRANÉE
PYRÉNÉES
Perpignan

文具手帖：

旅行去！

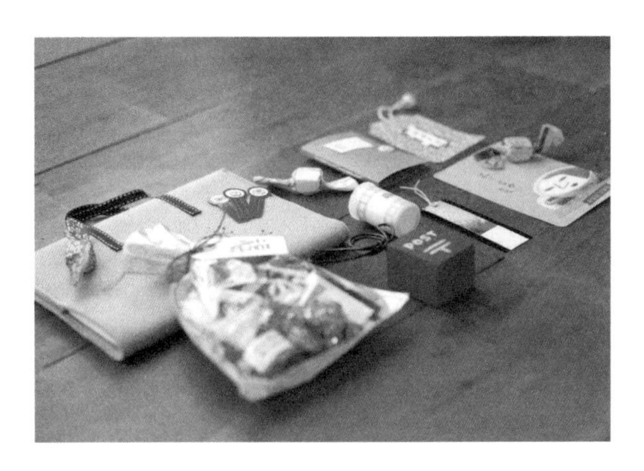

◎大宇人等　著

九州出版社
JIUZHOUPRESS

文具手帖：旅行去！

contents

专题报道——

封面故事——

关于旅行，你有什么看法?
舒压、疗愈、长见识，好吃、好玩，好好买……
热爱文具的手创人，这次则要将他们对旅行的意念、关联，带入设计想法中，
运用纸胶带、色铅笔、颜料、钢珠笔、纸材、刻章等文具媒材，
手创近八十件文具手作品，件件都展现独特的巧思及丰富的创作力，
让喜爱文具品的读者们，时刻都能充分享受有文具陪伴的每一天。

作者群介绍——

Chapter 01　每一天都是纸胶带的快乐趴

Chapter 02 绘出我的美妙生活

Chapter 03 涂抹一朵好颜色

Chapter 04 手创文具好杂货

Chapter 05 刻出好情绪

八位作者将他们历来收藏，觉得最好用、最心爱、最经典的文具好物，分享给所有读者，让大家得以一窥作者们的败家所得。

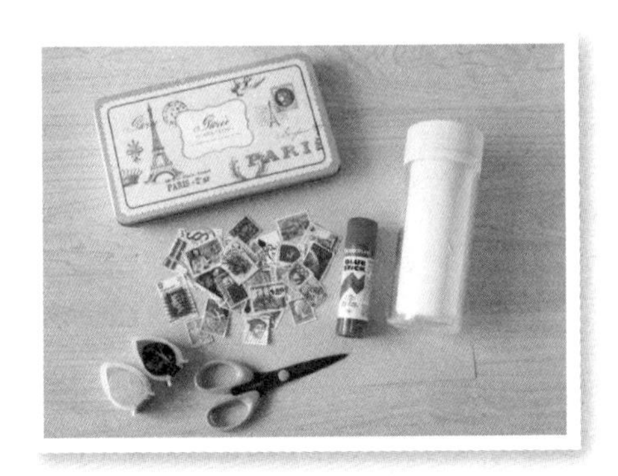

一起动动手，自己完成属于你的手创文具吧！

CAVALLINI PAPER TAPE

CAVALLINI & CO

Special topic

专题报道

最具人气的文具博客，
最能撩拨败家欲望的各类文具精辟专文报道，
来一场热血澎湃的文具盛宴。

超吸睛，异国风情纸胶带

Text · Photo by 柑仔

某年某月的某一天，在那个只有 mt、一点点 Mark's，轻易就可以从网拍上把所有纸胶带都买齐的时代，不知道是哪一卷、哪一个花色、哪一个契机，这些小圈圈突然引燃了柑仔心中的火种。这一燃好个一发不可收拾，烧啊烧的一路烧到现在，咱们在一波波的纸胶带新款里不断浴火重生，慢慢地从凤凰成了全身捆满胶带的木乃伊。

日系纸胶带的细致多样质佳不在话下，但除了日系纸胶带以外，其他各国的纸胶带其实也很烧啊各位朋友，究竟还有哪些品牌的纸胶带呢？让我们看～下～去。

masking tape

TERESA COLLINS DECORATIVE TAPE

Terasa Collins 近十年来在美国相编界非常走红，风格明确，带着女孩子气的粉红、图腾、旅行风的美编纸、贴纸和印章等等，极具特色，2012 年顺应世界潮流推出了三卷一组的纸胶带，每卷 32 呎 (约 10 公尺)，纸胶带里的图腾典雅，颜色饱满，材质出乎意料的厚实好撕，让柑仔忍不住捻须喊赞。只是眼好尖的朋友会发现，时间那款的裁切没有对准，但是我们作大事之人不拘小节，从美国网购的，换货太艰辛，就让我们相信那是一种独特的效果好了。

官方生火网站：http://www.teresacollinsdesigns.com/

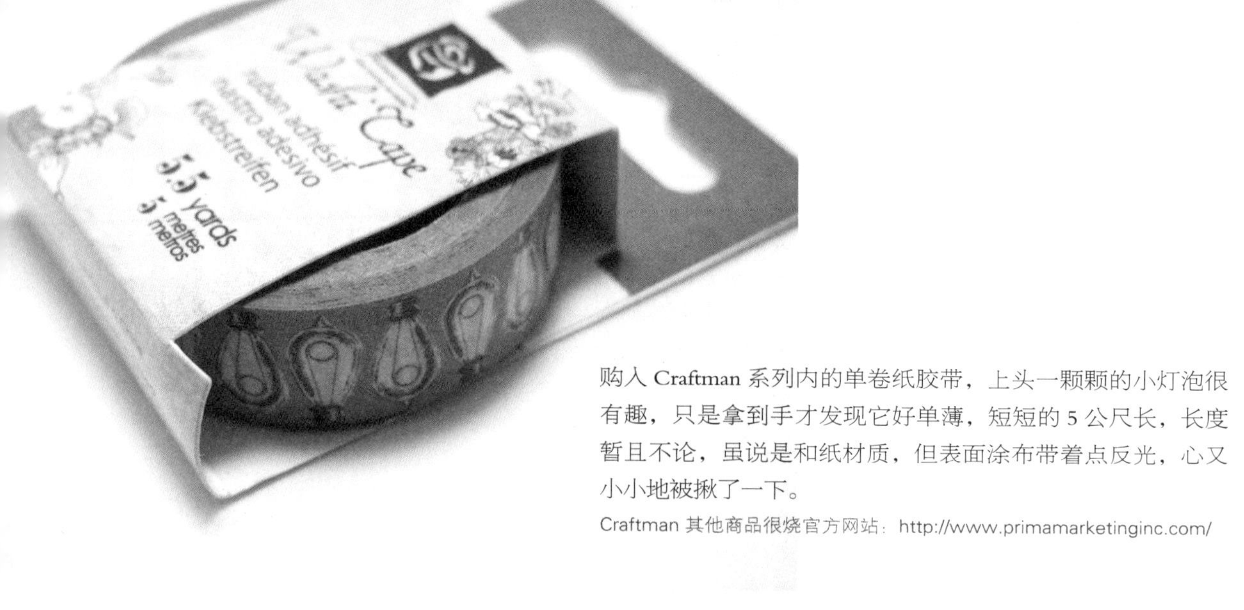

购入 Craftman 系列内的单卷纸胶带，上头一颗颗的小灯泡很有趣，只是拿到手才发现它好单薄，短短的 5 公尺长，长度暂且不论，虽说是和纸材质，但表面涂布带着点反光，心又小小地被揪了一下。

Craftman 其他商品很烧官方网站：http://www.primamarketinginc.com/

什么才是真正的限量呢？ Hambly 的纸胶带可说是最佳代言人，因为这间公司已经倒了～倒了～倒了～（回音），就算想买也买不着。还没拆封时，整卷看起来一点都不特别，甚至材质有些透明薄弱，但展开之后，原本对它有点嫌弃的柑仔忍不住倒抽一口气，黏性虽然不是那么完美，但细致美丽又繁复的花朵，完全吸引了我的目光。更值得一提的是，这款的产地在台湾喔。

官方网站：…人家都倒店了哪还有官方网站。

WE R MEMORY KEEPERS WASHI TAPE

We R Memory Keepers 的颜色非常粉嫩，材质跟 Terasa Collins 接近，简单的图样配上缤纷的色彩，一系列总共十组，从充满春天气息的粉嫩系到典雅的深色系，每组里有同色系的 10mm 和 15mm 两卷。如果一直使用手边的这几款在手帐上，柑太应该可以慢慢变身为柑少女吧……（傻笑）。

官方好青春网站：http://www.weronthenet.com/

7 GYPSIES PAPER TAPE & COLLAGE TAPE

7 Gypsies 纸胶带粗糙质感的表面很有存在感，最早的款式跟贴纸一样，撕开离型纸后才可以黏贴，虽然黏性有点掉漆，但因为它特别的质感跟丰富的复古色彩，我还是喜欢到五体投地。最近出的款式慢慢往一般纸胶带靠拢，不再需要撕开离型纸，但惊人的是，黏性一点都没有进步。

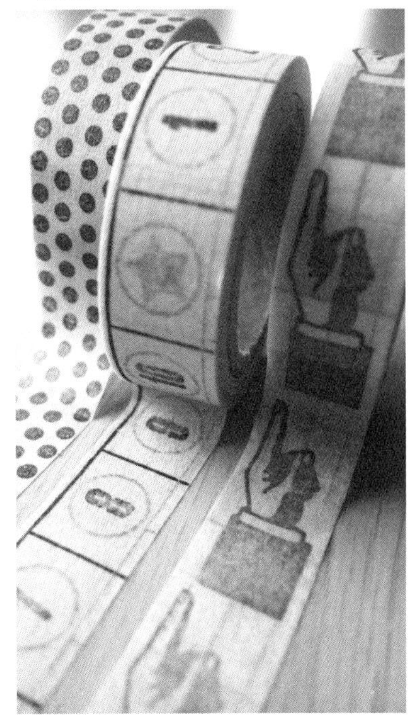

除了这类厚实质感的 Paper tape，更贴近和纸胶带质感的是 Collage tape，纸胶带本身是米黄底，搭配边框、椅子、钥匙等复古对象，非常有味道。约 18 公尺一卷，2 卷一组。至于感觉不太饱满的印刷，哎呀，这是复古、这是复古啦！

TIM HOLTZ TISSUE TAPE

如同 Tissue Tape 这个名字，Tim Holtz 的纸胶带相当轻薄透明，Tim Holtz 是美国手工艺界的师奶杀手，微笑的眼睛加上小胡子和带一点帅气的外表，每推出新产品，只要他圆滚滚的手指头做个作品，师奶们就会前仆后继地把他用的东西全部买起来。

这几组 Tissue Tape 表面和一般和纸胶带带着点蜡质的感觉不同，是雾面的质感，看起来每卷色彩都是米白色，难免让人有点嫌弃，但请不要误会它们，特殊的表面涂布，可以用你手边的任一个印台上色，单色或混搭随你喜欢。

超复古官方网站：http://timholtz.com/tim-holtz-products/

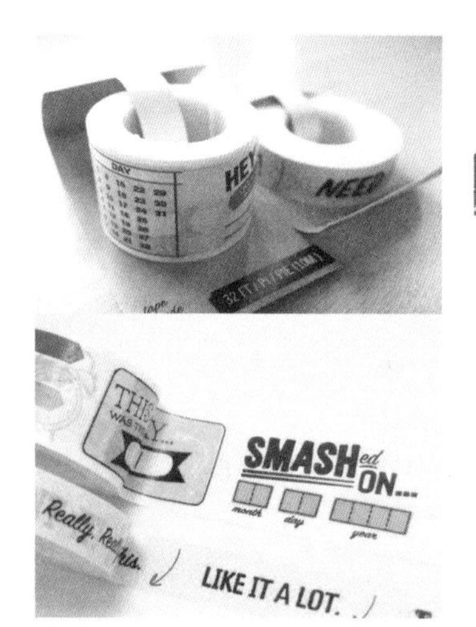

K&COMPANY SMASH TAPE

美国常见记录生活的方式是相本美编，风行的程度比我们的手帐风气还盛，这款 SMASH TAPE，设计来标注生活中的每一个时刻，实用度满点！但因为 SMASH TAPE 本来就没有标榜重复撕黏，而且主要使用对象是纸类，所以在纸类上的黏性很强，起手无回，但其他材质上的黏性就稍弱。值得一提的是，这款的代工是台湾金音哦！

家私很多官方网站：http://www.eksuccessbrands.com/kandcompany/

CAVALLINI PAPER TAPE

Cavallini 产品复古精致的印刷非常迷人，纸胶带使用铁盒包装是一大卖点，花草蝴蝶和巴黎优雅的图案吸引了一大票的复古爱好者，今年度再接再厉推出了三款新款，可惜 Cavallini 图案美则美矣，黏性却有待加强。话虽如此，再多看两眼，这么美丽的图样，谁还管黏性呢（进入失心疯状态）？

很典雅的官方网站：http://www.cavallini.com/

对美国纸胶带有兴趣的朋友，驻美国纸胶带代表“鱼的日常收纳盒”是你不可错过的部落格。不过，心智过于薄弱的朋友，千千万万不要点进去，那里很可怕的！

鱼的部落格：http://skyfishie.pixnet.net/blog

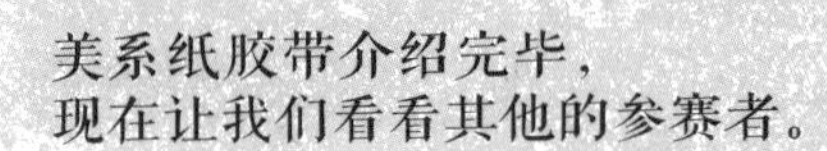

美系纸胶带介绍完毕，
现在让我们看看其他的参赛者。

INVITE.L－航空斜纹纸胶带

航空类型的纸胶带近一年来抓住大家想旅行的心，这款韩国 Invite.L 的粉嫩航空纸胶带，依旧是占据我心中的 TOP 1（当然，很大的因素是因为它买不到了~买不到了），Invite.L 的纸胶带只有小碎花和航空版两款，材质皆是日本和纸，打开网页都是 Sold out 却从来不补，这是最大的谜团。

只能看辛酸买不到官方网站：http://www.invitel.co.kr/

泰国 KENG 纸胶带

首先是旅行中撞到的宝贝。到泰国玩耍时排定的文具店巡礼中，柑仔发现 Keng 这个泰国本土的品牌。一如泰国给人的鲜艳印象，Keng 纸胶带颜色鲜艳丰富，设计天马行空，挂在一整面墙上缤纷的色彩，看了就让人心情大好，荷包大开。

Keng 纸胶带与其说是胶带，不如说是长条状的贴纸，图案上的设计也大多是单个设计，相当适合剪贴在手帐中，单个儿使用相当可爱。不停出新款的结果是，好友璟小慧的泰国行也被我逼着带货回台，海外纸胶带之路有好友在真是太幸福了！

人很好之官方 Facebook：https://www.facebook.com/kengpapertape

面对纸胶带款式、厂商越来越多的洪流，纸胶带的追寻之路似乎暂时还看不到尽头，但怎么办呢？看着手中的纸胶带，悠悠想起它们的保存期限，等等，保存期限居然是两年！这下子为了达成缤纷木乃伊之路，咱们只好不断地更新下去，一同在坑底开个同乐会吧！

About

柑仔

看到新款文具出品，就会自动变身丧尸的新品种生物，
迷失在文具海中无意识地按下购买键，
享受恢复理智后被包裹轰炸的感觉。
叫我“包裹丸”马细抠以啦。

Blog：柑仔的柑仔店
http://sunkist0214.pixnet.net/blog
http://www.facebook.com/sunkist214

超长草，盒装印章们！

Text · Photo by 柠檬

在柠檬的部落格或是粉丝页里，经常可以看到柠檬分享一些卡片，卡片上的图案或文字大多来自于柠檬收藏的印章（偶尔也会有纸胶带）。记得也有朋友问，这些印章是柠檬自己刻的吗？当然不是，手拙如我，怎么会有刻章的本事呢？柠檬的印章大多是由店家或是网络上购买而来，而其中柠檬最喜爱的当数盒装印章。

什么是盒装印章呢？就是用盒子装的印章！通常盒装印章会有其主题性，例如旅游、记事或是甜点等，在搭配使用上较有变化性，也容易达到一致风格。此外，一盒通常会有数颗印章，每颗印章的平均单价会稍低于一般单颗印章的售价，价格上也较为亲民。接下来，就打开柠檬的抽屉，来看看我搜集的盒装印章吧！

KODOMO NO KAO

Kodomo No Kao 是日本首屈一指的印章公司，推出的印章种类有枫木印章、水晶印章、压缩木印章、泡棉印章等，其设计风格更是包罗万象。以下就这些类别为大家仔细解说。

Kodomo No Kao——泡棉印章（季节款）

Kodomo No Kao 泡棉印章其中有个季节系列，会因应当季的特性而推出应景的花卉或其他主题。例如：照片中的左方是春季的樱花，中间则是夏日的小物，右方的枫叶银杏当然是秋季。

Kodomo No Kao——泡棉印章（Snoopy& 一般款）

这泡棉印章当然不仅有季节系列，派出家里的两只熊来介绍其他系列，右方是我的最爱——Snoopy，夏威夷版的 Snoopy 摇曳生姿，特别可爱。左方是配合邮务出的系列，那古拙的邮筒以及搭配成一系列的文具造型完全掳获柠檬的心，只好通通跟我回家。

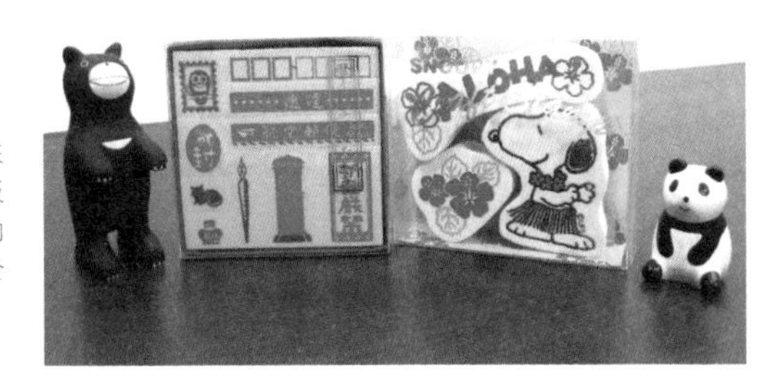

3

Kodomo No Kao——泡棉印章（生肖）

此外，Kodomo No Kao 每年在农历年前也会推出该年的生肖章，照片中的是虎年和兔年的生肖泡棉章。搭配着该年的生肖有其独特的生肖动物及相关的字章，拿来做贺年卡是最佳选择，烫金盖在红包袋上也是相当的讨喜哩。

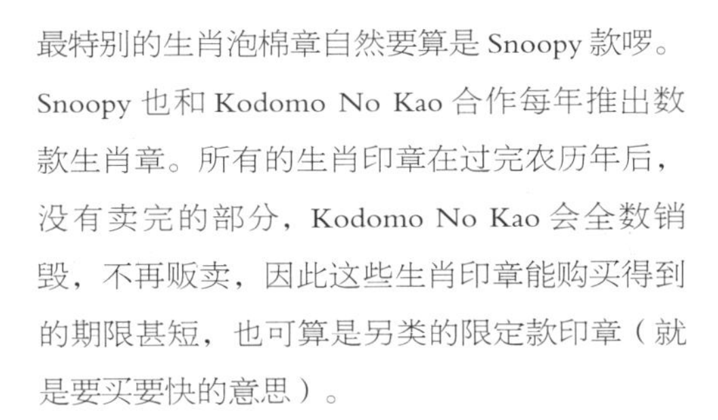

最特别的生肖泡棉章自然要算是 Snoopy 款啰。Snoopy 也和 Kodomo No Kao 合作每年推出数款生肖章。所有的生肖印章在过完农历年后，没有卖完的部分，Kodomo No Kao 会全数销毁，不再贩卖，因此这些生肖印章能购买得到的期限甚短，也可算是另类的限定款印章（就是要买要快的意思）。

★ Kodomo No Kao ——泡棉印章小评

泡棉印章和一般的印章相较而言，除了取手是泡棉外，其余无异，尤其 Kodomo 出品的泡棉印章，橡皮刻痕清晰，使用起来极为顺手方便，价格上较枫木印章便宜些，是入门者的好选择。

Kodomo No Kao——迷你小盒

除了泡棉印章外，Kodomo No Kao 的枫木印章尚有多种不同系列。照片中的迷你小盒系列，整盒大小大约是 4cm 见方，小小的尺寸搭配上这些杂货小物、旅游风格及和风小物的图案，除了在卡片上的应用外，拿来盖在手帐上也会有加分的好效果。第一眼见到它们时，一边惊呼着可爱，一边忍不住动手把它们通通放到购物篮，等到回神过来时，也结账完毕了。

Kodomo No Kao——枫木印章（十字绣系列）

除了可爱的小物，Kodomo No Kao 也推出稍大尺寸的盒装枫木章，这两盒类十字绣的印章设计非常别致，极为少见。记得有次柠檬在小书签上盖了那小兔子，朋友看了照片还以为是真的十字绣哩。

Kodomo No Kao——枫木印章（蕾丝）

这款蕾丝章是百搭款，随手一盖就能增添华丽的感觉，盖在卡纸上做成小卡，或是盖在稍大的纸张上做成包装纸，都能有极好的表现。

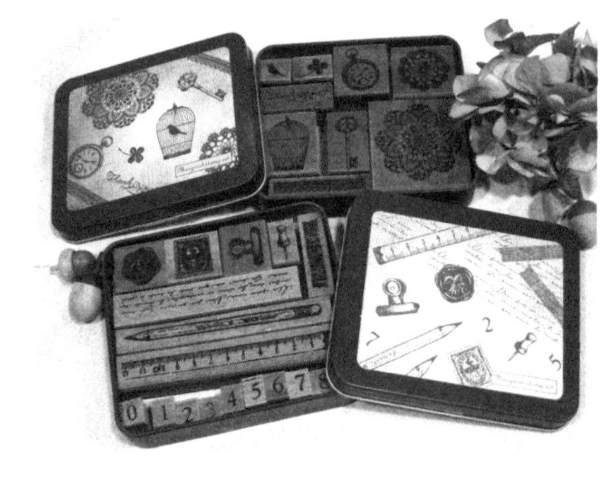

Kodomo No Kao——Margaret 铁盒系列

Kodomo No Kao 只有可爱的印章吗？那可不是！Margaret 铁盒系列优美华丽的复古风格让喜爱旧物的我爱不释手。仅仅看着那铁盒上随意而交错的细致图案，再加上那朴实复古味的取手，处处散发优雅浪漫的氛围，像在催眠着柠檬。这印章拿回家随便盖就是艺术，然后为了成就更美好的艺术只能通通打包。

※Kodomo No Kao —— Margaret 铁盒系列小评

细看印章本体，若是硬要挑剔的话，也是有些小缺陷的。柠檬想偷偷说，那个木头可以换枫木吗？比较有分量也比较有质感……

日本木盒印章

日本当然不是只有 Kodomo No Kao 一家公司，还有其他许多公司推出印章。偶尔友人会在三更半夜丢来一些都是日文的链接，看不懂日文，但是网页上的印章总让我心痒不止，然后，过几天不知怎的，这些印章就到家里了（笑）。照片上的木盒印章多来自日本乐天，木盒印章是让人又爱又恨的玩意儿，爱那木盒的质感，却又讨厌那木盒巨大难以收纳的麻烦，加上北台湾的潮湿会让木盒偶有泛黄，除了催眠自己那是复古效果外，还能说什么呢？（摊手）

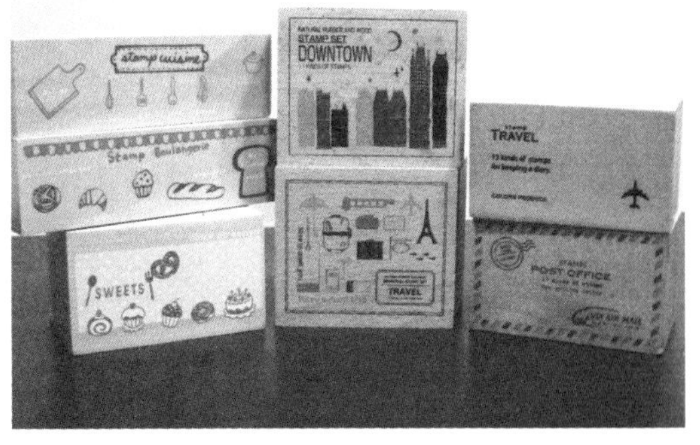

★日本木盒印章小评

日本木盒印章的取手大多是轻质木头，很薄的海绵或是没有海绵，橡皮刻痕深浅不一，这样的印章质量算不上好，但看在印章图案讨喜的份上，也就睁一只眼闭一眼让它过去（怎样都要买就对了）。

CAVALLINI & CO

Cavallini & Co 铁盒系列

看完日本的印章，来看看美国的老牌公司 Cavallini & Co，此家的产品以复古优美见称，除了纸品以外，也推出铁盒印章。铁盒印章有大小两种尺寸，想要完整收集或是玩票都可以满足。其外装的铁盒有着无可挑剔的美丽，印刷、颜色在在都展现了绝佳的质感，不得不说铁盒本身就叫人无法移开注目的眼光啊！

★ Cavallini & Co 铁盒系列小评

打开铁盒，柠檬有些许的小小失望，印章取手部分的木头有点粗糙，不甚平滑，橡皮和取手间没有海绵做为缓冲，橡皮也未曾依图案做切割，盖章时容易发生失误，好在细致的图案令人稍稍安慰，瑕不掩瑜，还是喜欢 Cavallini & Co 那精致美丽的线条。

YELLOW OWL WORKSHOP

最近的新欢——Yellow Owl Workshop，来自美国旧金山的公司，所有的印章都是手工制造，坚持环保要求，不使用对地球有害的材料。每组印章都装在黑色纸盒中，纸盒的正面是印章的样式，也是盖印的参考模板，这带点童趣的手工线条加上鲜明的色彩，让人看了心情为之一振。

★ Yellow Owl Workshop 小评

打开黑色纸盒，里头的印章取手是枫木，橡皮和海绵是手工裁切组合，在在都显现了绝佳的质感，加上朴拙可爱的手绘线条，初在海外官网见到它的身影，就让柠檬魂牵梦萦，却为高昂的国际运费而裹足不前，好在台湾有代理商引进，终于让我梦想成真。

美日 MICIA

最后，来看看台湾的品牌——美日，美日的印章种类也为数不少，除了枫木印章，也有水晶章、泡棉印章、压缩木小印章等等。相较于海外昂贵的价格，美日的价格显得更为平易近人，此外，近年来在图案和风格上也推出许多系列可供选择。柠檬觉得对初识印章的朋友来说，美日可以做为入门的首选。

美日（MICIA）——Mini Friends 系列

这系列印章皆为火柴盒装的样式，收纳方便。打开盒子内附有木质取手，取手上的贴纸及橡皮，需自己手工组合，有些麻烦却也多了点手作的乐趣。

美日（MICIA）——泡棉系列

美日的泡棉印章大多以可爱俏皮为主题，不若日本 Kodomo 的风格丰富多变，但身为本土货，我们期许他有更多更好的发展，只要够好，广大文具迷的钱包会为你准备好。

盒装印章的种类、风格、品牌繁多，柠檬收藏的部分仅仅是大海中的涓滴。古人以文会友，现在的柠檬以印章会友，分享自己抽屉里的印章，一边拍照的同时也想起和这些印章相遇的点滴，然后跟自己说，要更努力地使用这些印章，让它们不仅仅是收藏。希望手中的印章不仅仅是自己故事的一部分，也能成为作品说自己的故事，或是到别人家说着不同的故事。

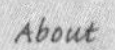
About

柠檬

迷恋于收藏印章和纸胶带，并致力将两者呈现在作品中。创作的作品里头总藏着故事，可能来自于自己、朋友或任何事物。喜欢用创作的方式疗愈自己，期许自己的创作也能疗愈他人。

部落格：http://lemonlion.pixnet.net/blog
粉丝页：https://www.facebook.com/Lemon0814

收集狂，彩虹之印台

Text・Photo by 黑女

首先提出“光谱”概念的牛顿，将人眼可见光分为红、橙、黄、绿、蓝、靛、紫七个颜色。然而，由肉眼可辨识的颜色数量却远远超过此数目，每当驻足于文具店的印台区，那光谱似乎浓缩为一方小小印台，璀璨缤纷，仿佛微型宇宙，令人目不暇给。

最初开始买印台只是因为购入了一些盒装印章，水性油性分不清，在手工专柜随便买。真正令我深陷其中无法自拔的应该要算是 Shachihata，日本各大车站用来盖纪念章的大多是此牌。某次和友人到可以盖章的餐厅一游，现场的黑色印台已成灰色薄墨，友人如哆啦 A 夢般拿出一盒，那艳丽的黑色立即引发购物欲，回家后火速网购整组。不过虽然号称是油性速干，在柔美纸或水彩纸上渗透力仍不如一般纸张，若是盖明信片最好稍待一会儿，否则线条容易沾染。

真正成为印台控，则是上完刻章课的结果。第一次上津久井智子老师的橡皮擦刻章课，上课用的“初学者组合”里附的就是两枚日本 Tsukineko 出品的 artnic 小印台。artnic 有种奇异的复古香味，虽是水性印台，但吸附力佳，在普通纸面上显色极美，买了几枚后就决定要收入全套 98 色。装满整整两盒大创 A4 收纳盒的 artnic，带灰的暧昧色系特别美，连大阪的印章老店 OSCOLABO 都指定它作为印章目录的示范色。

说到津久井智子老师，就不能不提的是そらまめ豆子印台。由她监制的这套豆子印台，4 色一组，共有 24 色，和其他印台最大的不同点在于它的和风色系配色，除了盖印纸张外，亦可印于布面。切记盖印在布上时，盖完干燥后一定要高温熨烫，才有固色效果，否则无法水洗。24 色并不多，但组合起来足堪日常使用，价位也不高，是很适合初学者的一套印台。

在乐天市场网购误打误撞购入的 NIJICO 彩虹渐层印台，同样也是“集全色病”的症状之一，买下的第一枚是“Neon”霓虹色，亮丽的渐层色盖大面积的章用来做卡片或明信片都赏心悦目。颜色本身的豪华感，让盖印质感大跃进，因此也买齐了一套五色。秋季大地色 Earthtone 与春季粉彩色 Pastel，都是使用率最高的颜色。

可盖印于塑料、玻璃、皮革甚至是磁器表面的油性印台之王 StazOn。开始刻章也触发了许多关于“盖印”的灵感，多年前买的黑色印台始终不知道怎么用，直到某一天突然发现它盖于透明塑料袋、白色纸胶带都别有风味，才突然领悟到它的过人之处。趁着乐天五折购入的 StazoOmidi，是新推出的小方盒款式，盒面的古典图纹设计与原本的 StazOn 迥异，因此虽然色号有若干重复，人气依然不减。必须使用专用清洁剂方可清除，若在意脏污，易吃色的橡皮擦印章则不适用。

开始刻胶板后突然爱上的 VersaMagic。粉彩色系异常讨喜，水滴形状便于章面细部上色，也可手持直接染色纸张。水性的 VersaMagic 采用的是 pigment ink，因粒子较细，盖印时不易渗染，非常适合盖于木头或飞机木印章取手，黏着性较高的特色也能完整覆盖于胶板，盖印效果清晰且持久。

深知不可将兴趣变成工作，因此文具始终只是闲暇之余的游趣，可以三餐吃泡面但不能不买文具。
关键词是纸胶带 / 笔记具 / 手帐，近期沉迷于刻章。真实身分是专业菇农。

Blog：BLACK DIARY
http://lagerfeld.pixnet.net/blog

无所不贴，便利黏贴人生

Text・Photo by Denya

众多便利贴收藏中，小秀一下冰山一角！

我由衷地觉得：便利贴是一个划世纪的发明！

在 3M 的创始人发明了 Post-it 之后，这种有点黏又不会太黏的文具纸制品，一开始只是为了撕取方便而无心插柳柳成荫的小东西，开始变成所有人的必需品，我想应该很难找到没有用过便利贴的上班族或是学生吧！

我对便利贴的狂热，应该不下现在风靡纸胶带的潮流程度，一看到新型的材质，或是特殊的造型、精细的印刷，总是忍不住地往购物篮里放，书衣里一定要夹着 3M 的彩色 mini 标示贴，手帐边要夹着描图纸便利贴，方便标示重点却又可以书写一些笔记，随身的文具袋中，也要放上几张大一点的留言便利贴，想要写点东西给朋友的时候，随手一黏很方便。手边的便利贴，从最普遍的 3MPost-it，到超昂贵的 Hermes 便利贴都有！

虽然是简单的便利贴，一样有着不凡的身价！ Hermes 将文具的便利贴提升成精品级的便利贴，这是哥哥旅行回来的爱心伴手礼。放在免税店橱窗里的小巧橘盒子便利贴，散发着魔力，于是它就这么地躺在我的收藏中。它设计很简洁，价格很令人心惊胆跳，实在是只能当做艺术品收藏起来慢慢欣赏，但其中真正令人珍惜的，是手足间的感情。

旅行时便利贴也是相当好用的小物，非常推荐的就是半透明描图纸式的便利贴，MUJI 无印良品和日本 KAMIO、PETA 都是我非常建议的品牌，这种便利贴贴在地图上做标示非常好用，可以直接在上面书写又不会遮到地图的指示。另外在读书做笔记时也很实用，不想直接画在书本上，却又想要标示重点时，只要贴一张就可以直接做笔记，不要时撕掉就好，非常方便！

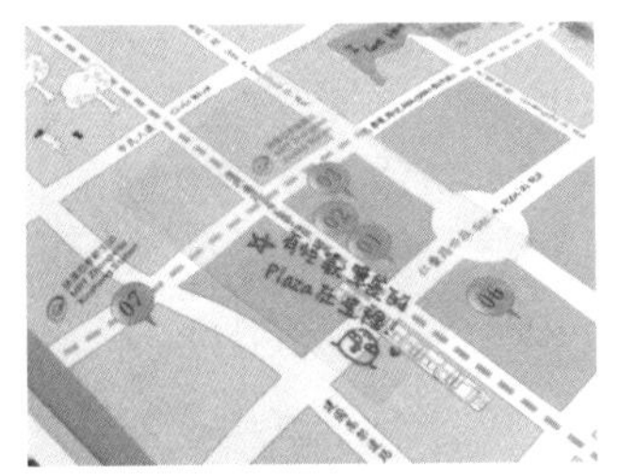

↑半透明描图纸式便利贴，不会损伤书本，又能标示重点，实用度一百分。

便利贴除了一般的 MEMO 提醒功用，在工作讨论上也相当好用，海外常运用便利贴来当作讨论和创意发想的工作。因为便利贴可以自由移动的特性，所以只要将突然有的 idea 写在便利贴上，就可以让创意和意见不受限制地排列组合，意外地会发现很多有趣的点子！或许大家可以在工作时试试看。

↑造型丰富，增添标示的乐趣。

另外，便利贴也可以运用在手帐本中，日本甚至开发了便利贴专用的手账本！只要将不同宽度的便利贴，定义为不同的时间长度（10 分钟、30 分钟和 60 分钟），然后把工作项目个别写在预定时间长度的便利贴上，就可以在手账本上自由移动，轻松做好时间管理。

↑方便自由移动的特性，让创意和意见能不受限制地排列组合，常因此激发出许多有意思的点子。

不知不觉中，便利贴变成我一定要入手的文具品项，尽管自己使用的几率并不高，但是看着不同形状和有一点小俏皮感的便利贴，还是很难抵抗的，一定会下手。因为它不但可以让自己在烦闷的工作中多一点童心，也可以让生活更有效率！有空时不妨拿出自己手边的便利贴，好好运用一下，或许会发现自己的专属用法喔！

↑利用不同宽度的便利贴，搭配上便利贴专用手账本，即可在手账本上自由移动，轻松做好时间管理。

←有着不凡身价的
Hermes 便利贴。

About

Denya

人生无文具不欢，喜欢活版印刷的手感，
热爱限量版的独特，喜欢老派经典的质感，
欣赏创意无限的惊喜！

典雅文具铺
Denya.SW　http://www.denya-sw.tw

带着手帐本旅行！

Text・Photo by 大宇人・小雨宙

有些人喜欢用照片记录旅行，那相机一定是不可少的旅行配备。而我会说旅行开始之前，先选一个笔记本吧！

旅行用的笔记本，让我们可以用另外一种角度记录旅程，你可以拿起笔，用文字或图画来描述旅行点滴、记录心情，也可以写下“醉汉的酒味弥漫了整个车厢”这种难得的回忆。或者只是简单地把旅行中的门票、发票、明信片等贴上盖个纪念章；剪贴簿类型的记录也是不错的。

该怎么选一本适合的笔记本呢？可以依照旅行的天数、记录的习惯、笔记功能性来分别。如果只是短暂的小旅行，可以选择尺寸不大、薄一点的小本子；一个月的旅行，可以选择页数足够的笔记本，或者准备多本薄本子好分担重量。有些人喜欢选择带两本笔记本，一本用来写心情记录，一本专门贴门票、卡片等。

市面上也有专门用来旅行的本子，除了横纹、空白、格子等格式外，厂商还设计出行前计划格子可以撕下做为备忘录及可装入地图的超便利笔记本。

经过几趟旅行，归类出最适合旅行的笔记本有几个要点：

1. 至少要 A5 大小。
2. 内页要完全空白。
3. 本子可以完全摊平。
4. 纸张要有一定的厚度。
5. 最好再加上书绑，这就是一本属于我的旅行笔记本了！

A5 尺寸刚好可随身携带，收集到的门票或较大传单对折后几乎都可以贴黏在 A5 笔记本上。完全空白可以很随意地画图记录，因为会用到水彩来记录，一页只画一面；如果有票券需要贴黏，要尽量贴在左手边的页面。

一本适合旅行的笔记本，会让你在旅行记录中不仅方便且更有系统；旅途结束后，在翻阅笔记本时乐趣十足；到现在我还会翻阅之前旅行的笔记记录，再次回味那时的旅行时光。每个人的旅行与书写习惯都不尽相同，但只要你开始旅行、开始记录规划，经过几次后我想大家都可以找到一本最适合自己的旅行手帐。

选完笔记本后，该怎么记录比较好？开心随意地使用吧！提笔时也不需有太多限制与压力。从规划旅行开始，贴上地图，把应带物品记录下来，画上该带的衣物。开始旅行后，当天的午餐、买到的纪念品、旅途中窗外的模样，各种鸡毛蒜皮的小事都可以记下来。有空时拿起笔记录，如果行程已经很疲累也不要太强迫自己；以最轻松愉快的心情来留下旅行点滴，这才是旅行中最重要的事情。

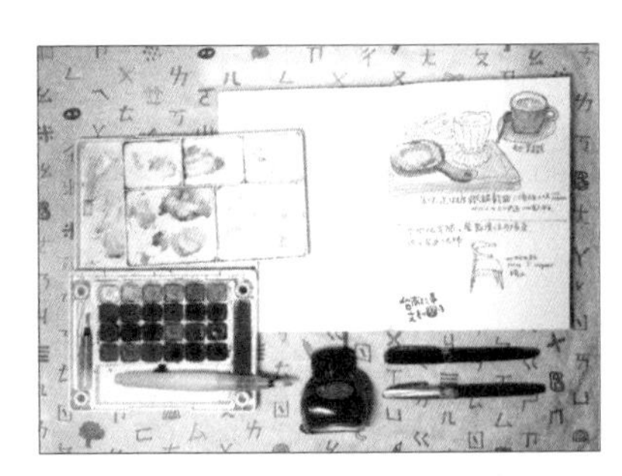

除了笔记本之外，
还要带什么去旅行？

一本精挑细选的笔记本、一盒携带式饼状水彩、几支爱用的笔。就带着它们一起去旅行吧！

若还有多余的空间，可以带上纸胶带或者胶水，最近发现文具店有一种很像立可带的滚动条双面胶带，贴黏很方便。简单的贴黏工具可以让你把旅行中收集到的卡片、门票固定在本子上，让笔记本被装饰得更美观。

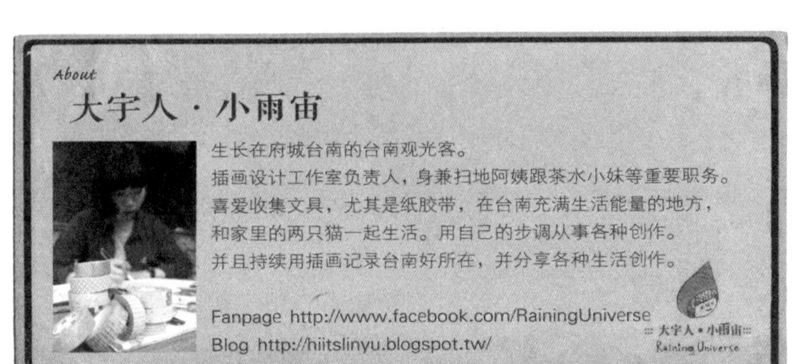

About
大宇人 · 小雨宙
生长在府城台南的台南观光客。
插画设计工作室负责人，身兼扫地阿姨跟茶水小妹等重要职务。
喜爱收集文具，尤其是纸胶带，在台南充满生活能量的地方，
和家里的两只猫一起生活。用自己的步调从事各种创作。
并且持续用插画记录台南好所在，并分享各种生活创作。
Fanpage http://www.facebook.com/RainingUniverse
Blog http://hiitslinyu.blogspot.tw/
大宇人 · 小雨宙
Raining Universe

封面故事
旅行意念入味的
文具设计品
三角刀小
切出刀

关于旅行，你有什么看法？舒压、疗愈、长见识，好吃、好玩，好好买……
热爱文具的手创人，这次则要将他们对旅行的意念、关联，带入设计想法中，
运用纸胶带、色铅笔、颜料、钢珠笔、纸材、刻章等文具媒材，
手创近八十件文具手作品，件件都展现独特的巧思及丰富的创作力，
让喜爱文具品的读者们，时刻都能充分享受有文具陪伴的每一天。

文具带着我 再旅行一次

自认不是文具控，当接到这本书的邀约时，有点害怕自己不能胜任。

然而，着手开始创作时，便回想起学生时代的自己，零用钱不是花费在买 CD 就是文具用品，五颜六色的笔塞得笔袋鼓鼓的，还有一本本书卡、贴纸、信笺的收集册。虽然这些东西都随着年纪增长丢的丢、送人的送人，但对于纸张的喜爱始终不变，旅行时也特别喜欢逛书店与文具专卖店，因此设计精美的明信片和店家文宣品，便成了我新的收藏爱好。

很高兴借由这次出版的机会，让我重温了每一趟旅行的回忆，也让我与大家分享最爱的旅行与手作。

About 小西

自然、开朗的维他命 C 女孩，爱旅行也爱手作，喜欢简单自在的生活，天真拙趣的手绘个人图像，总带给人会心的微笑，也期望将这样满满的活力感染给身边的每个人。和朋友在宜兰开了一间“四季花绪”的手作杂货铺，一点一点地实现梦想。

创作也似一场又一场的旅行

生活中的每一天，没有标题，也没有序言，许多的故事就这么悄悄地展开……用近乎无声的姿态，藏匿在每段昼与夜之间，穿插在每次呼和吸之间。不同人事物所交织出的每一刻，让生活宛如永不落幕的长途旅行。

创作也似一场又一场的旅行，这样的旅行，源自一种追寻，追寻足以乘载某段思绪的载体，也同时追寻素材未知的可能性……创作过程中，总有许多惊奇，从陌生的摸索试探，到彼此磨合熟悉，这些记忆与温度，赋予作品独特的生命。而因为创作所衍生联结的人事物们，也将以此为契机，开启新的篇章。

准备好一起去旅行了吗？

About 杂粮面包

喜欢“旅行”二字，因为简单的两个字却述说着许多的可能，无关于有形与无形，不受限于时间和空间。
纯粹的感受与分享，许多模糊的想法或零碎的触动，被印证酝酿并勾勒出模样生命。
生命在下一刻，有了新的视野与方向。
呼吸着，听着，感受着，述说着，想着，描摹着，用不同的状态与姿态漂浮，跨越了定义，脱离了框架，在流动之中贴近，在沉静之间感受，让心自由，身在何处，都是旅行……

想旅行的心 已经怦怦跳着

文具和旅行，都是很迷人的名词，那么当这两者互相碰撞与结合，更是令人忍不住微笑起来！不管是旅行中遇见的文具店，还是行李箱里带回的珍惜的文具战利品，也许仅仅是一卷纸胶带，包装上旅行中的种种记忆，它便不再只是个工具，也是件有实用性的纪念品呢！而到处搜集来的文具小物，更是旅行准备工作的好帮手。选用多种媒材，不需要专业的职人等级，只要带着期待的兴奋情绪，用双手完成一件一件作品，不管是纸蕾丝与彩色墨水的渲染，还是色铅笔和亚克力颜料的应用，原本平凡的纸盒、数据袋，都拥有了不同的新面貌，好似自己也是个创造幸福的文具设计师呢！笔记本、书套、信纸等，逐渐完成的过程中，旅行的心已经怦怦跳着，让我们一起出发吧！

About ROSY

喜欢画画、写字、为生活里的小事物拍照，
喜欢搜集零碎的幸福，
擅长描绘女孩风格的甜美细腻。
2010 年用所有勇气去日本打工游学，
做了半年的旅行。
之后致力于分享旅行与生活中的美好，
现在平日是卡片礼品设计公司的小 OL，
闲暇之余持续在网络上发表作品，
和大学室友三人共组 157-4 工作室，
不定期参加市集活动与展览，
期待成为一个让人感到幸福的创作者。

About 克里斯多

商学出身，从没学过画画，
不知是勇敢还是反骨，
也或许是被雷劈到忽然开窍了，
半路出家，拿起水彩色铅笔画出一座
克里斯多插画森林。

克里斯多插画森林
http://crystalhung.pixnet.net/blog
facebook.com/cycrystalhung

喜欢手作碰触得到的温暖，更喜欢朋友收到我亲手做的礼物时，怎么都藏不住的惊喜。
喜欢看遍美丽的世界，更喜欢藉由旅行，发现不一样的自己。
喜欢画画，更喜欢用我最爱的水彩色铅笔，为这世界增添一丝的美丽。
把所有的喜欢，通通聚在一起，是第一次，所以有点紧张，但又有点兴奋，结果结果，居然变出一个连我自己都无比惊艳的魔法。爱画画，喜欢旅行，喜欢水彩色铅笔，或是什么都喜欢的你，绝对不能错过！

用手作的方式记录旅行

旅行，是生活中好重要的养分。

时常的街道散步，总会发现迷人的小店吸引着向前的步伐；偶尔的城市旅行，总会惊艳原来世界这么美丽。好喜欢用双脚走在不一样的地方，好喜欢用手作的方式记录旅行的记忆。

旅行途中还是要带着自己喜欢的小物，让手作和文具成为好朋友，一起去旅行，带着自己做的一些可爱的印章文具，让我每次在陌生的国度，一点也不会感到害怕。空闲时拿出手帐盖盖章、拿出本子画些小图、拿出橡皮擦刻刻刻，让旅途中增添了很手感的气息。除了文具，还有一张张的卡片，要谢谢每次旅途中遇见的很美好的人，将他们变成手作的小卡，能暖暖地传达情谊到他人手中。

希望旅途中的美好，可以这样不断不断地延续，而手作，是我心里温暖并闪闪发亮的力量。

About 暖洋洋

喜欢在阳光的早晨，拿起本子画呀画；
喜欢在温暖的午后，刻刻每一个心仪的图案；
喜欢在宁静的夜晚，哒哒哒地做温暖的布杂货。
手作的温度让人好着迷，好想就这样一直做下去，爱上了迷人的水彩颜色，得了不去旅行就会不安的病。
你好，我是洋洋。
希望每一天，都是属于自己暖洋洋的小日子。

旅行的话题总是迷人的，异国的眩目光影、陌生城市的气味与人们，每当朋友们聚在一起诉说旅行的故事，大家的眼睛都闪闪发亮着。

我喜欢在旅行中拿着简单的画笔，搜集沿途看到的各类纸张，窝在陌生的房间里剪剪贴贴，有时只是随意的草图，在咖啡馆、公园椅子上都可以进行。我使用的文具都是很基本的，看到特殊的贴纸、裁刀、花俏的笔，有时候也会很心动，但是又觉得表达的方式有很多种，用简单的纸笔也可以好好地诉说描绘看到的风景。

旅行结束后慢慢地整理，会发现心里有好多东西跑出来，行李箱的衣物、搜集的战利品……“原来这趟旅行的我是这个模样啊～”，好像走了一段距离再回头看自己，才能看到全貌。那些美好的、不安的旅行，都是独一无二的故事。

About Nydia

Nydia 妮蒂亚，喜欢插画、写字、旅行、料理、杂货、生活小观察。

从念书到工作，似乎都是弹跳般前进，因为向往手感自然的生活风格，从坐在冷气办公室的多媒体企画，变身为满桌画笔颜料的自由创作者。

发现自由的灵魂才有满满的想象能量以后，希望借着各种分享方式，成为具有生活感染力的创作者。

文具、旅行都是
生活中美好的部分

文具、旅行，都是生活中美好的部分。喜欢搜集各种文具，在旅行的同时也会开始找寻各种文具，当获得一支好写的钢笔时，心情会无比喜悦。

当你开始使用它们，让墨水写在纸上、用纸胶带缤纷了白色的墙壁，那种喜悦就开始进入我们的生活里。

不知道从什么时候开始，钢笔、墨水、纸胶带这些小小的文具们，成为生活创作的一部分，谢谢它们让生活更有趣！

希望这本书也能让你们可以更喜欢文具、更享受旅行。

实际创作的时候，还是会有无法预测的小混乱发生。

About 大宇人 · 小雨宙

大宇人 • 小雨宙
Raining Universe

生、长在府城台南的台南观光客。

插画设计工作室负责人，身兼扫地阿姨跟茶水小妹等重要事务。

喜爱收集文具，尤其是纸胶带，在台南充满生活能量的地方，和家里的两只猫一起生活。用自己的步调从事各种创作。

持续用插画记录台南好所在，分享各种生活创作。

http://www.facebook.com/RainingUniverse

Blog:http://hiitslinyu.blogspot.tw/

About 潘幸仑

1988年生，新竹人，一天当中最喜欢夕阳西下的时候，一月当中最爱发薪水的那天，一年当中最眷恋冬日里的阳光。

喜欢写手帐、玩纸胶带，或是看棒球。

Blog：http://hsinlunpan.blogspot.tw/

Facebook：http://www.facebook.com/HsinlunLife

生命是有限的，但透过旅行和阅读，可以让生命无限。因此，我爱旅行。

旅行可以有很多种形式，不一定要拿起护照和机票出国才是旅行，品尝美食，是味觉的旅行；聆听一首动人的歌曲，是听觉的旅行；动手做一些手作，是一场手脑并用的旅行。

生命本身就是一趟最困难也最精彩的旅程，向往着到远方旅行的同时，也要先把平常日子过得很用心才行。所以，一起来玩手作如何？可能是短短十分钟、可能一小时……但都可以替平凡的日子增加不少乐趣喔！

Every day
16, Rue Marie-Stuart
PARIS - 2e ar
is a paper tape
happy party

CARTE POSTALE

文具和旅行，都是很迷人的名词，那么当这两者互相碰撞与结合，更是令人忍不住微笑起来！不管是旅行中遇见的文具店，还是行李箱里带回的珍惜的文具战利品，也许仅仅是一卷纸胶带，包装上了旅行中的种种记忆，它便不再只是个工具，也是件有实用性的纪念品呢！

~~41, Rue de~~
21, Rue de PARIS (8')

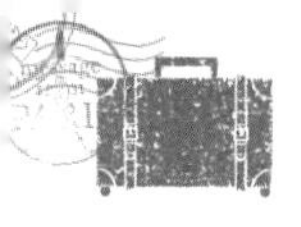

Kawaii Roll Film Stickers
底片盒胶卷贴纸

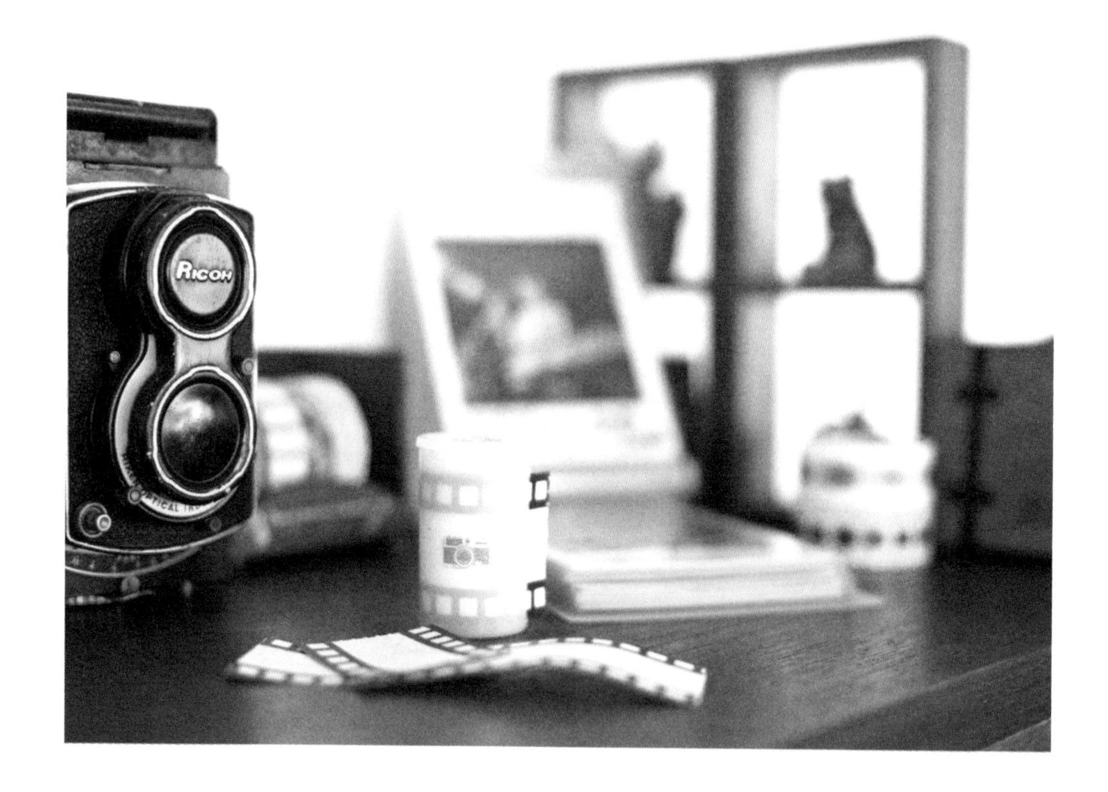

书写旅志、物品标示，
若是以底片风格的贴纸来做装饰，
是不是更有旅行的味道了呢！

How to make

1

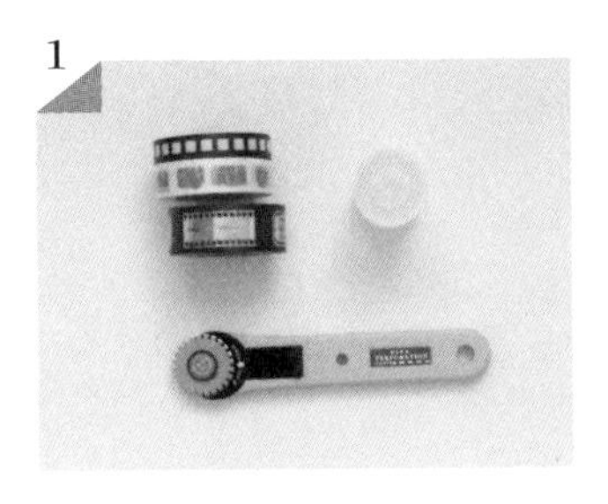

底片盒、全张自黏贴纸、相机胶卷图案的纸胶带、虚线刀。

2

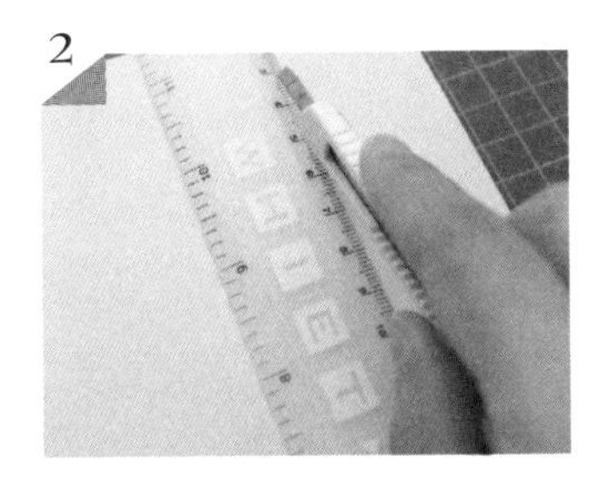

将自黏贴纸裁切，宽度大于底片盒高度。

3

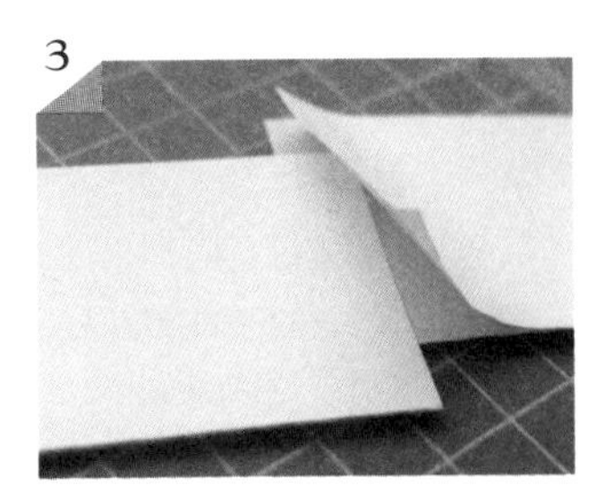

将裁切好的自黏贴纸，一张一张接黏起来。

4

在两侧黏上底片边孔的纸胶带。

5

以虚线刀将贴纸切割成一小段一小段。

6

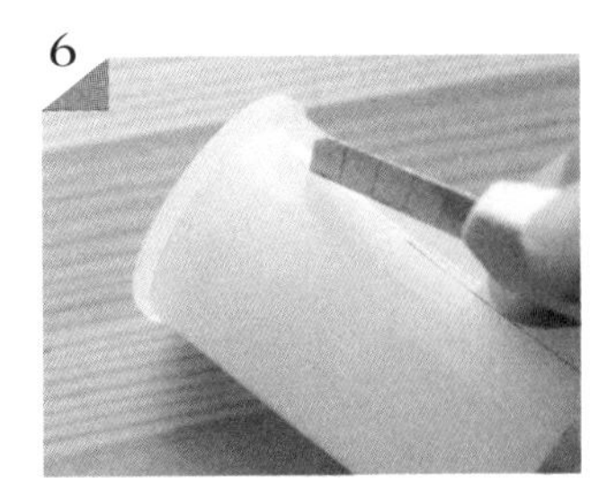

在底片盒的侧边切开一刀。

7

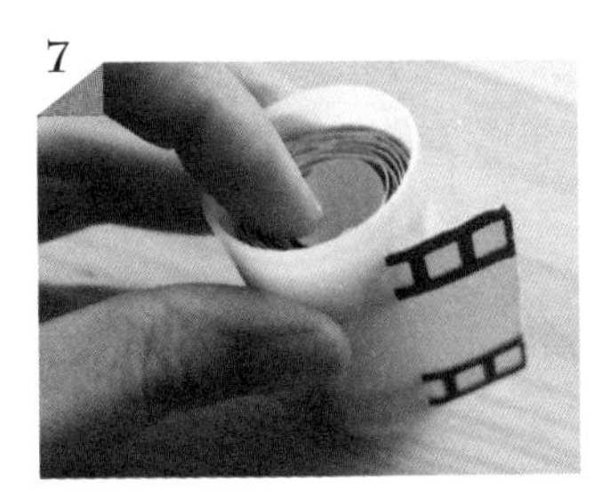

将卷好的贴纸放进底片盒中，于切口处拉出一小段。

8

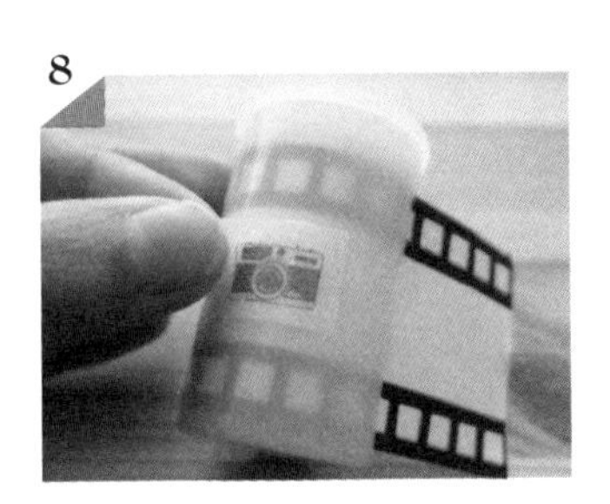

最后装饰一下底片盒即完成。

Omamori Ticket Holder

旅行御守票夹

旅途中的移动，常常令人手忙脚乱，
票券类的小物若能放在随手可得的位置，
就不容易忘记或遗失了，
御守的造型又能有祈求旅程平安的心意。

Design by 小西

使用松紧绳的话，无论什么样的背包都可以穿挂上去喔！

How to make 160

How to make 160

Lovely Kitchenette Memo Pad

小厨具便条纸本

空白的便条纸总觉得少了点什么，
加一点小茶罐、放一些小饼干，
还有经典的蓝色磅秤和红色水玉壶，
让便条纸充满了厨具风，
帮他们做一个简简单单的家，这样以后出门，
就不怕找不到可爱的便条纸可以写了！

WORK 04

My Little Mystery Bag

伴手礼小福袋

旅行的伴手礼采买起来常让人伤脑筋，又所费不赀，
将每一样小小的礼物集合起来，
包装成一个个看得到又丰富的福袋，
收到礼物的朋友一定很开心。

购买伴手礼时，要选择内包装有独立小包装的，食用的像是茶包、小饼干、糖果，日用品的面膜、小文具、摆饰都不错。

How to make

1

包装纸、透明OPP袋、束绳、和纸胶带、美术纸、自黏贴纸。

2

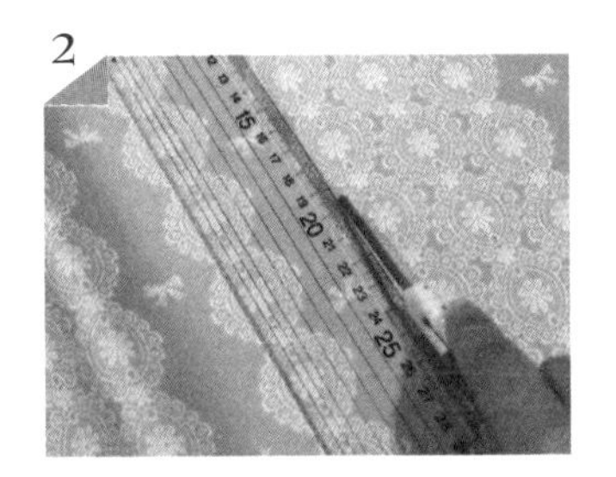

将包装纸裁切成和OPP袋同样的大小，而OPP袋只取其一面使用。

3

将OPP袋叠合于包装纸上，以红线车缝三边。

4

裁切美术纸成长方型，并剪下顶端的两角，作为礼物标签。

5

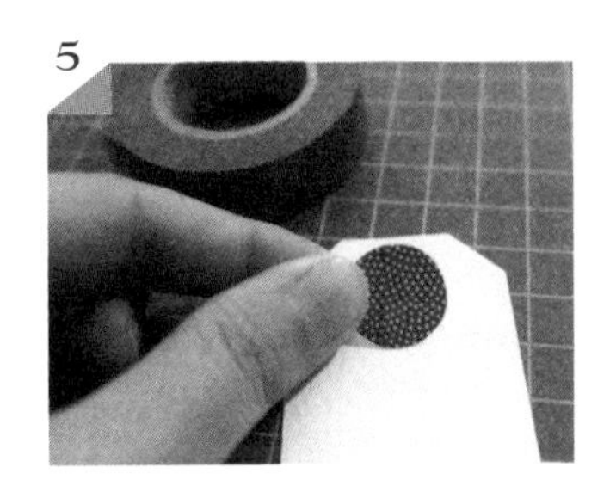

用和纸胶带黏贴于圆型的自黏贴纸上，黏贴于标签上。

6

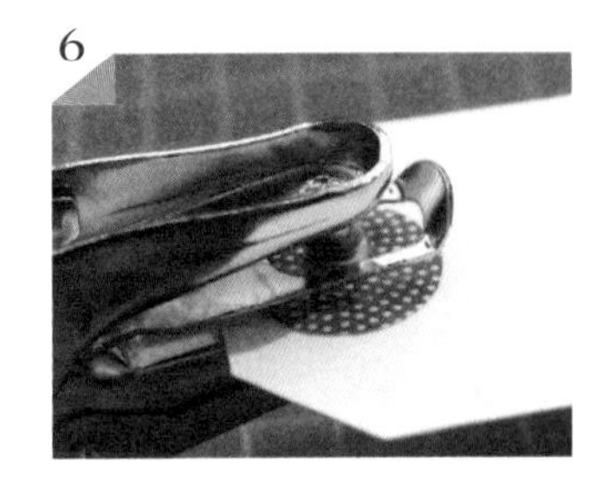

以打洞机打洞。

7

以和纸胶带于标签上黏贴成一个“福”字，系在福袋上即可。

8

福袋完成。

WORK 05

Business card small house

名片小房子

把旅途中搜集的名片都整理在一起吧！
如果沿路搜集的 DM、各类纸张太过杂乱，
还是依照属性分类一下比较好整理。
做一个小房子折页，名片用纸胶带黏贴，
注意正反面的阅读顺序，黏贴时记得顺手翻页的方向，
把名片藏在翻来翻去的折页小书里，可爱又有趣。

How to make 161

Giggle, Giggle, Pinball Machine

小弹珠的大冒险——玩具弹珠台

牵起小小孩的手，来趟幼儿园的小旅行。
抛开大大人的思考和视野，回到小小孩的世界，
天花板变得好高好高，彼此的距离好近好近。
圆滚滚的弹珠，在倾斜的角度中加速、转折，
每一次的碰撞，都带来开心的尖叫和笑声。
小小孩的世界，总有大大的冒险与欢乐。

How to make 162

旅行的时候，总是会被可爱的徽章别针给吸引。
试着用手边简单的工具，
做出属于自己的旅行徽章吧！

My Handmade Girly Button
扣子徽章

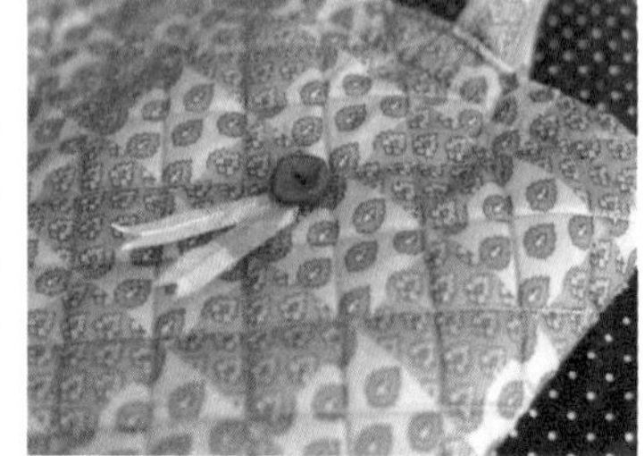

别在包包上，是不是与众不同呢？

How to make

1

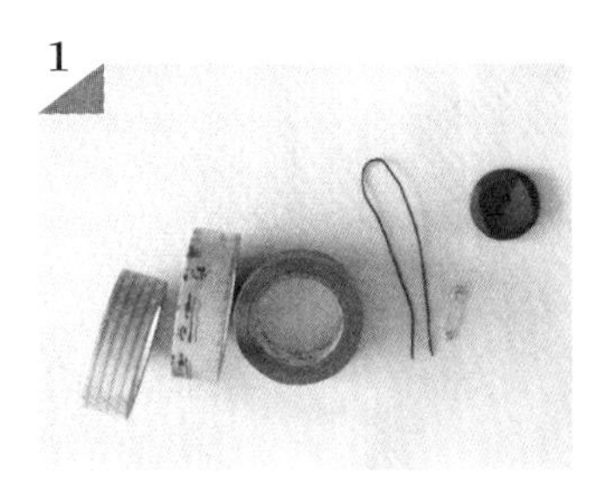

材料：旧扣子、铜线、别针、纸胶带。

2

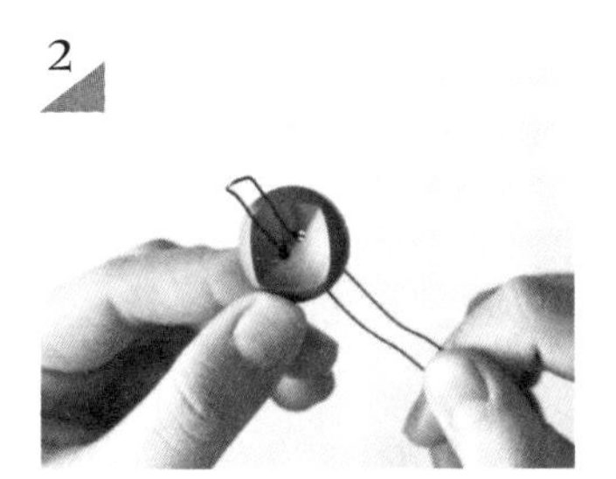

将铜线（约 15cm）对折，穿过扣子孔。

3

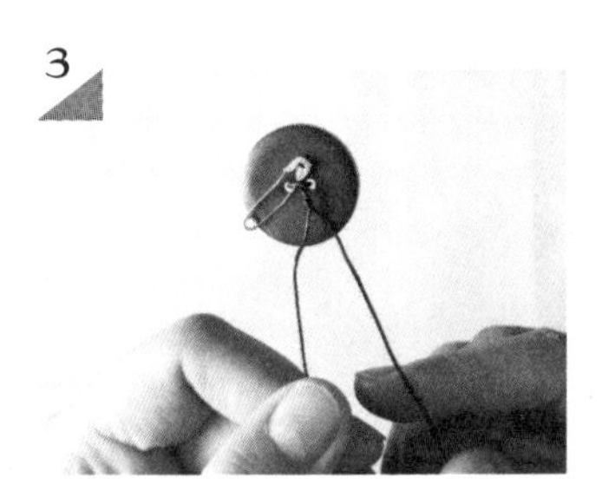

翻面将铜线穿过别针，扭转固定。

4

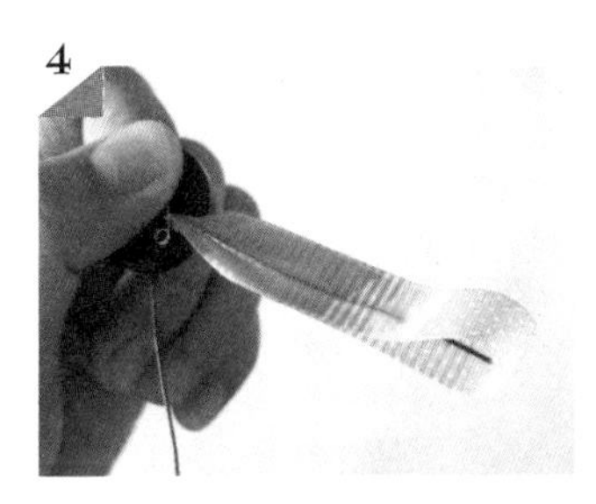

挑选适合的纸胶带，剪下约 15cm 的纸胶带，对折反贴扭转收尾。

5

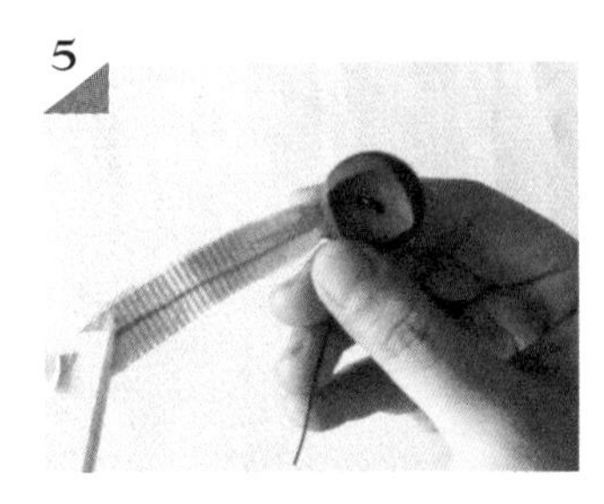

用剪刀修剪出缎带形状，另外一边也用同样的步骤，完成了！

6

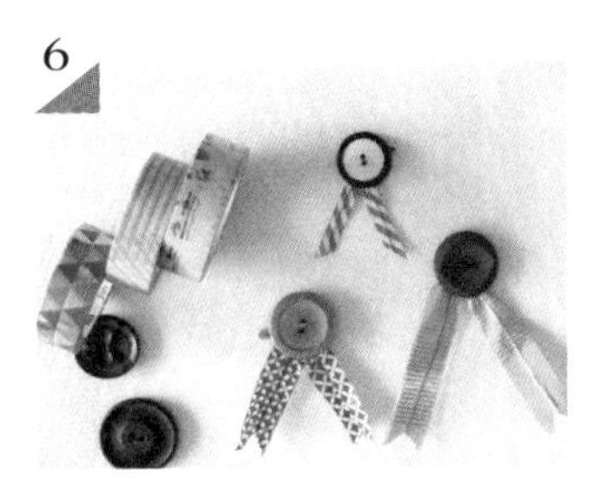

运用不同的钮扣与纸胶带，搭配创造出各种样式的徽章！

WORK 08

Luggage Tag
行李吊牌

出国好开心啊！
领行李的时候怕找不到自己的行李吗？
自己做的吊牌跟别人都不一样，
别在行李上就再也不会认错行李了！

How to make 162

Headset
亮眼耳机

音乐是旅途中的好朋友，
坐在火车上听着舒适的音乐，
耳机当然也要有焕然一新的好心情！

How to make

1

材料：耳机、纸胶带、裁切用具。

2

拿出纸胶带，贴合在耳机上；挑选颜色鲜艳的纸胶带会更亮眼！

3

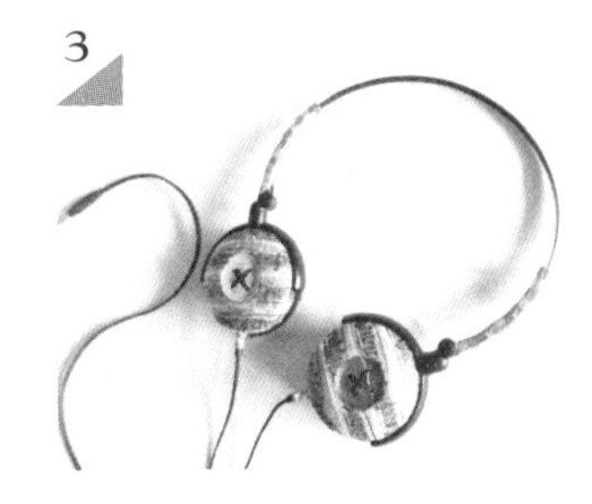

接下来，带上耳机听着音乐去旅行吧！

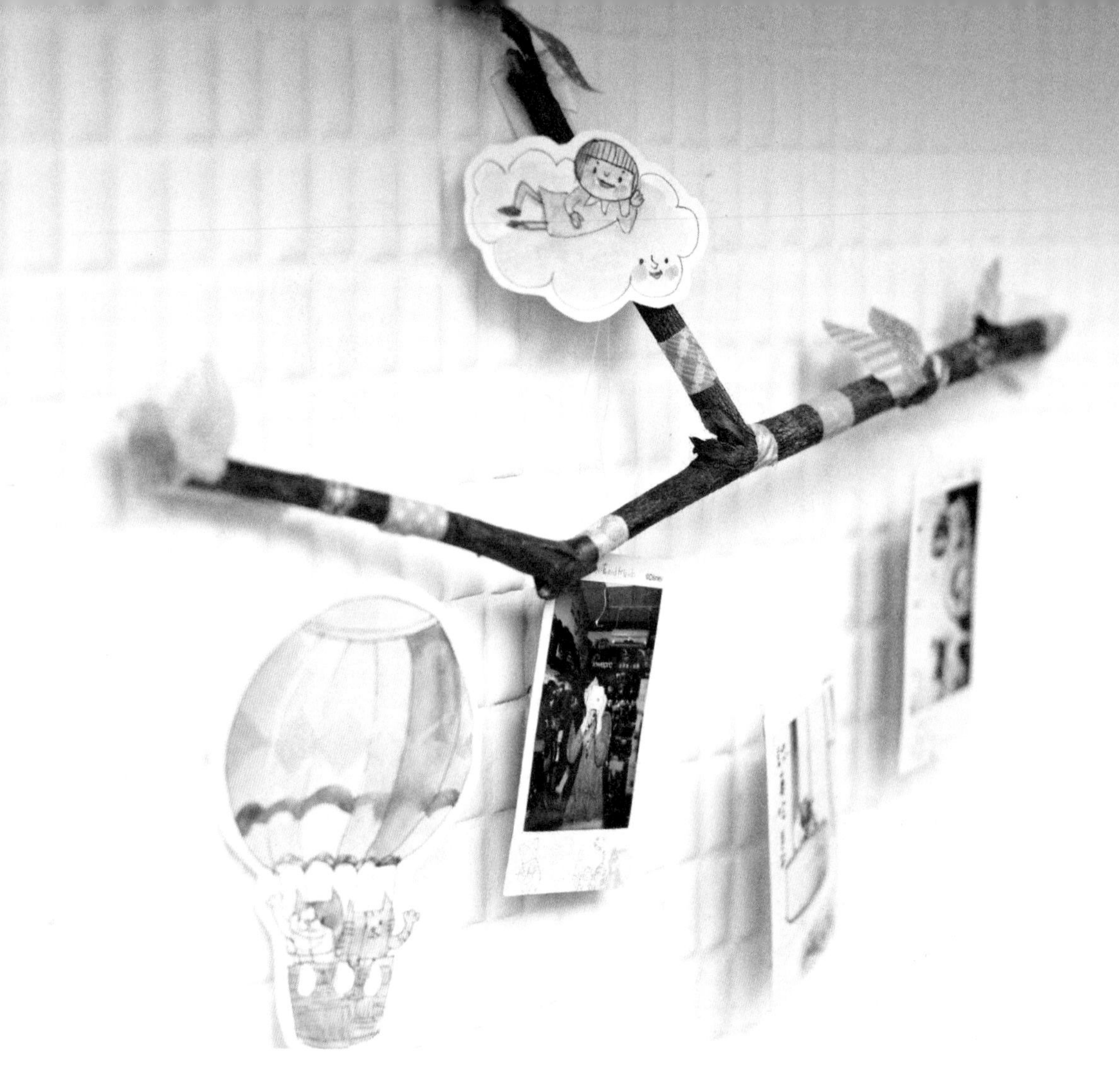

WORK 10

Branches Photo Frame

树枝相片架

旅行中的照片总是让人充满回忆，
做一个特别的树枝相片架，
把它们通通挂起来吧！

How to make

1

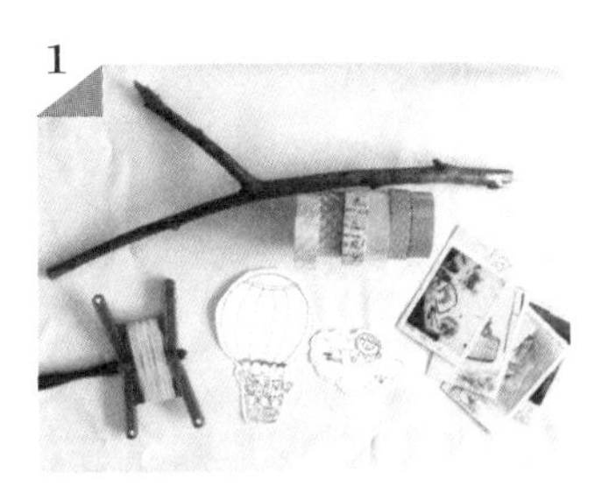

材料：大小粗细适合的树枝、纸胶带、装饰的图卡、钓鱼线、照片。

2

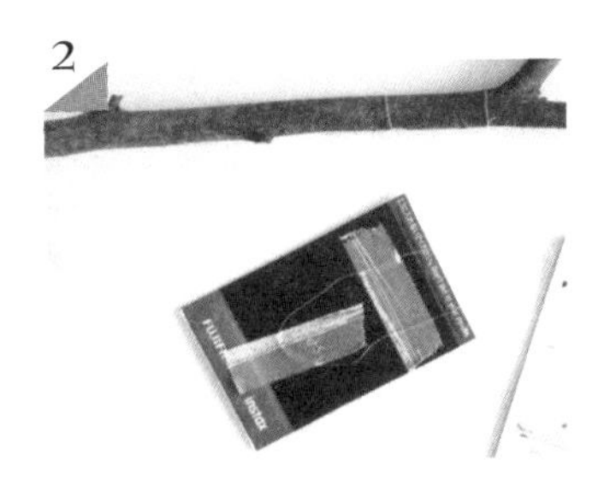

剪下一段钓鱼线，两端于树枝上打结固定，然后将钓鱼线用纸胶带固定于照片的背面。

3

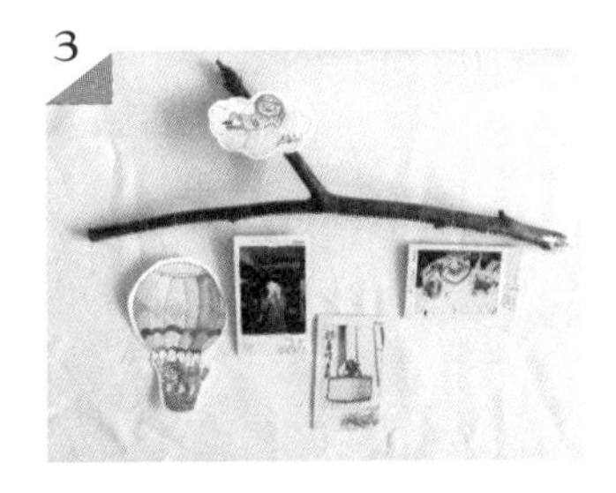

加上各种装饰图卡，照片可以悬挂不同的高低创造更多层次。

4

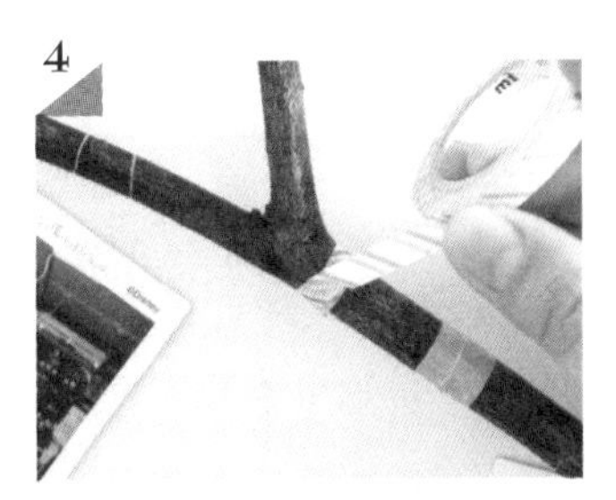

钓鱼线与树枝打结的部分，用纸胶带缠绕一圈，除了增加固定性之外，还更加美观。

5

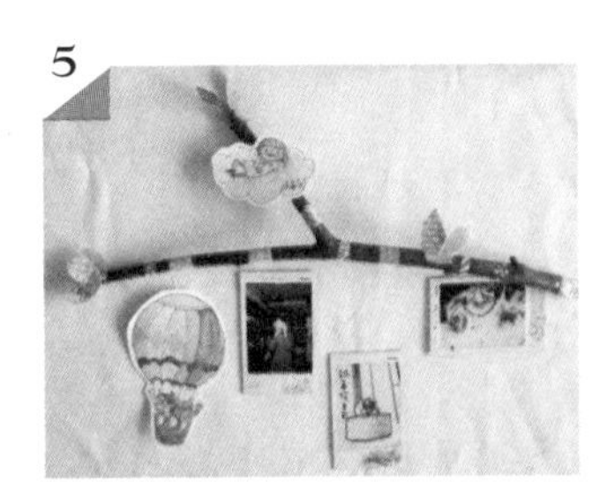

最后，用纸胶带加上小树叶等其他装饰，树枝相片架就完成了！

6

用大头针固定在软木墙上或用线吊挂在墙上，都很特别哟！

Colorful Pen Cap

缤纷笔套

随手记下旅途中的所见所闻，
除了一本好的笔记本之外，
别忘了带一支好写的笔啊！

How to make

1

材料：透明文件夹、纸胶带、双面胶。

2

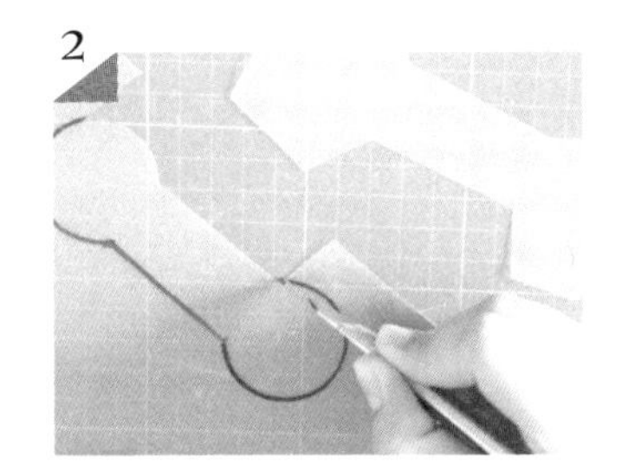

在透明文件夹上以 5cm×2.5cm 的区域作为中间，两端任意切割出想要的形状。

3

贴上自己喜欢的纸胶带装饰。

4

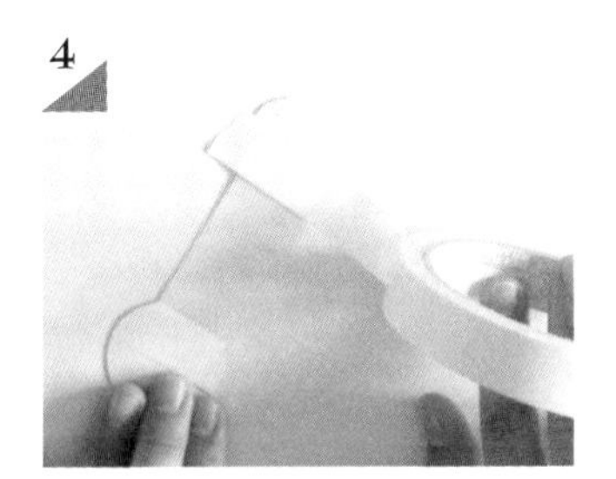

两端的背后贴上双面胶。

5

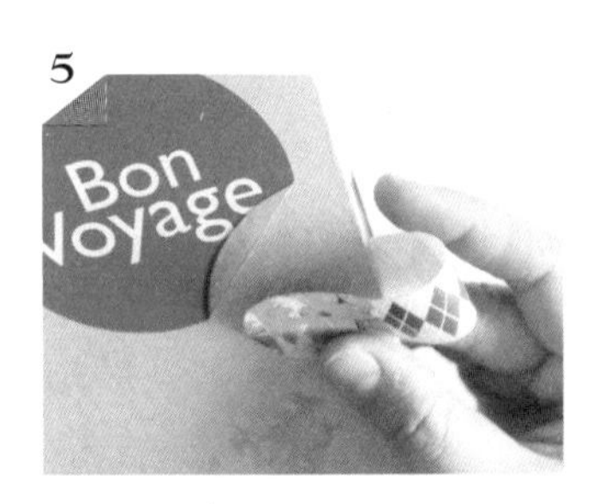

对折后将双面胶部分分别黏贴于前后书本封面。

6

帮自己的笔记本装上笔套，让笔不再失踪了！

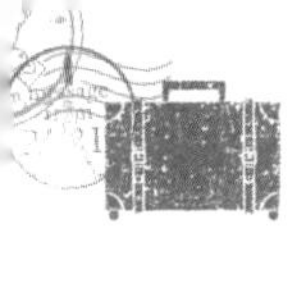

Sleepless Kookoo Owl

睡不着的羽绒宝贝——猫头鹰摆饰

因为街道巷弄间的微旅行，与猫头鹰在“Wiz 微礼”相遇。
温暖明亮的灯光下，热茶倒映出一抹亲切的微笑，
缤纷的色彩与简单可爱的设计，述说着童心童趣。
让人惊艳的生活小物，成为旅行漫游的美好回忆。

How to make

1

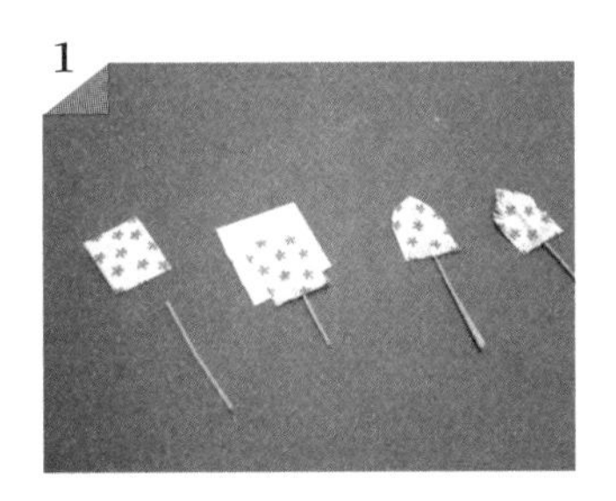

以布胶带搭配 23 号铁丝和卡纸制作羽毛。

2

羽毛边缘以剪刀修剪出羽绒质感。

3

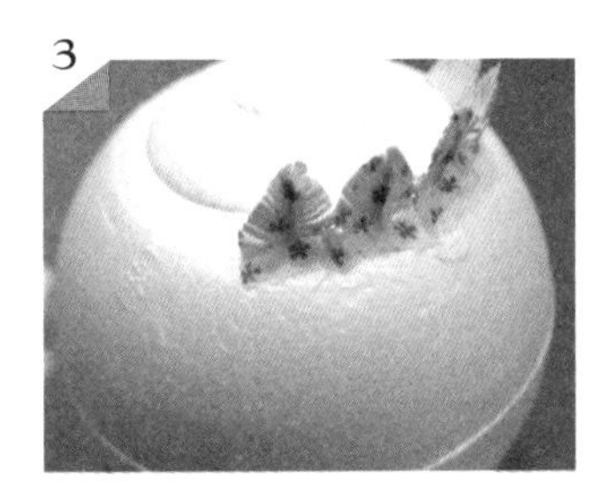

将铁丝呈同心圆交迭，固定于保丽龙球坯体。

4

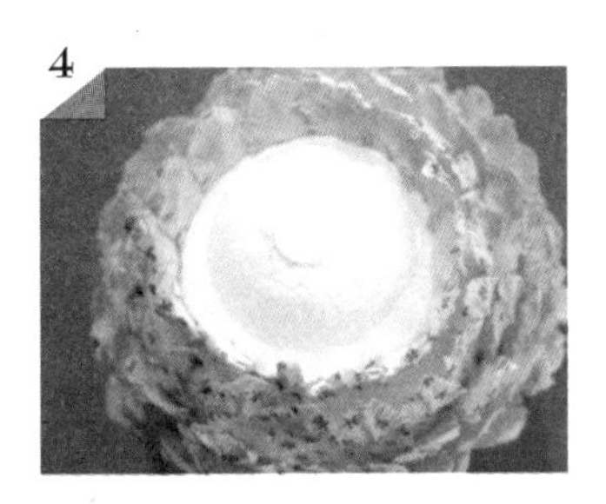

以镊子和笔杆弯曲铁丝，增加羽毛的蓬松感。

5

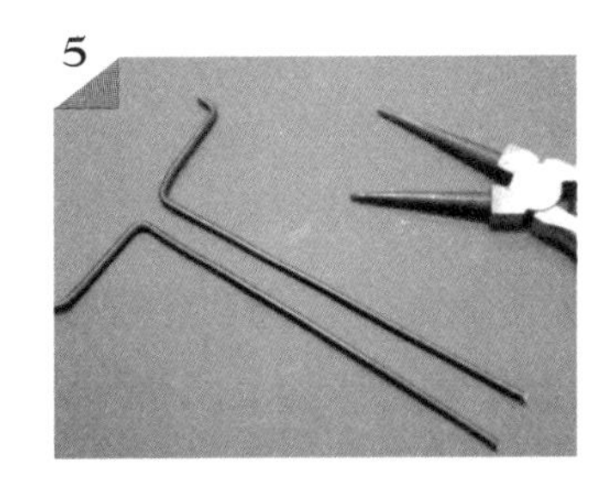

选用褐色铝线，以丸型工具弯曲出基本爪型。

6

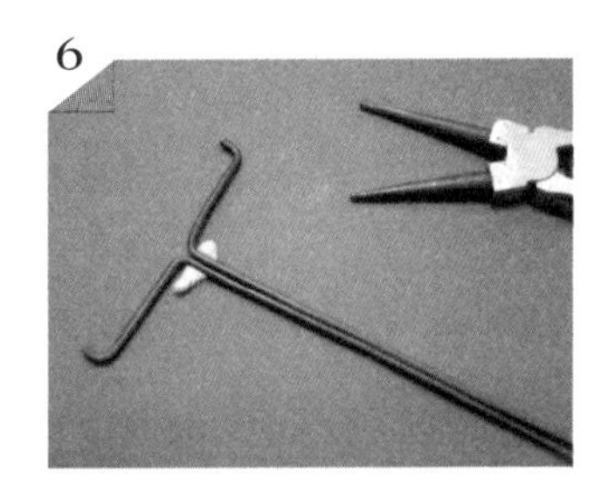

以万用黏土协助，先将前后爪以铝线定位黏合。

7

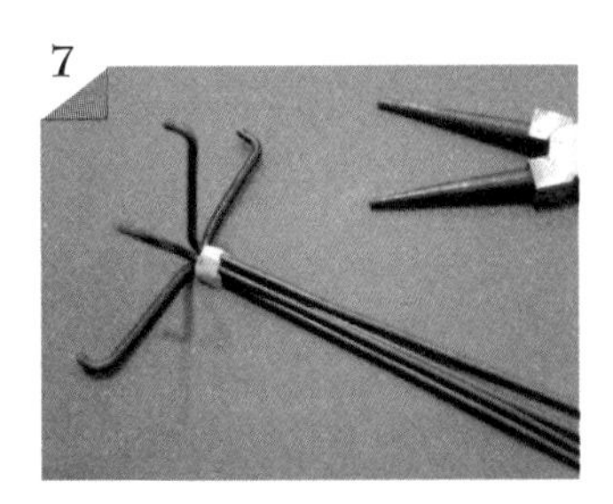

取约四十五度角，将中间爪部铝线定位黏合。

8

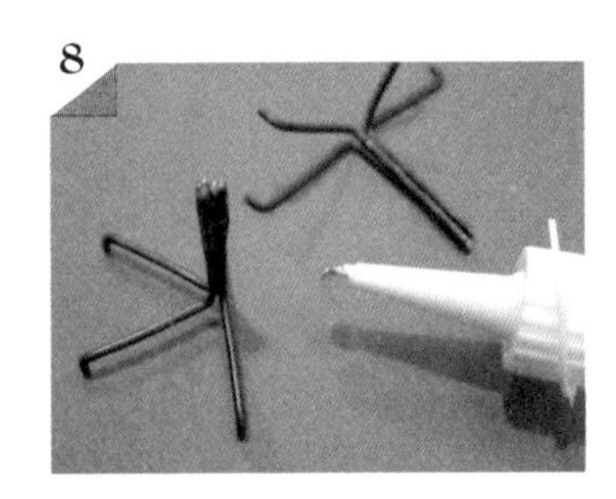

于保丽龙胶未完全凝固前，调整爪型和水平。

9

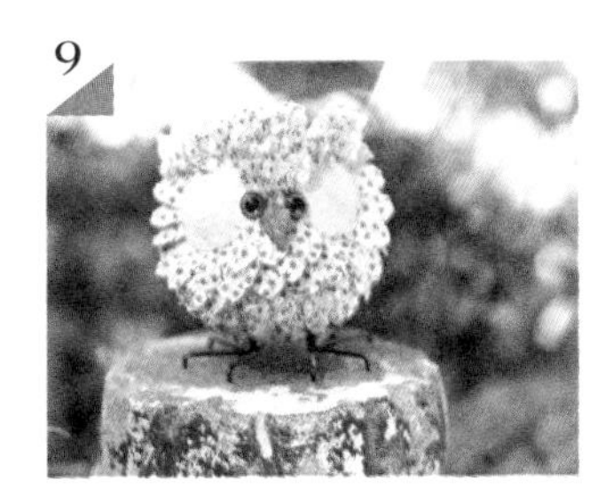

将图 4 的羽毛部分和图 8 的爪部黏合在一起，就完成啦。

Books tied

书绑

笔记本总是贴了一堆收集来的传单，
越来越厚地 大爆炸了！
帮笔记本订做个贴身腰带，
保护它不被凹折。

How to make

1

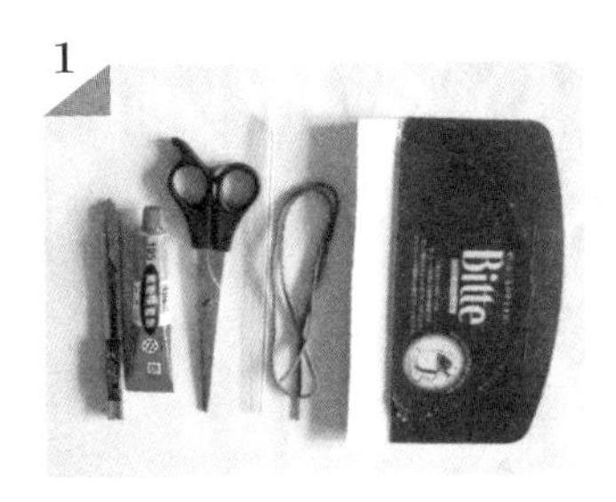

材料：厚纸板／饼干纸盒、绳子、吸管一支、万用胶。

2

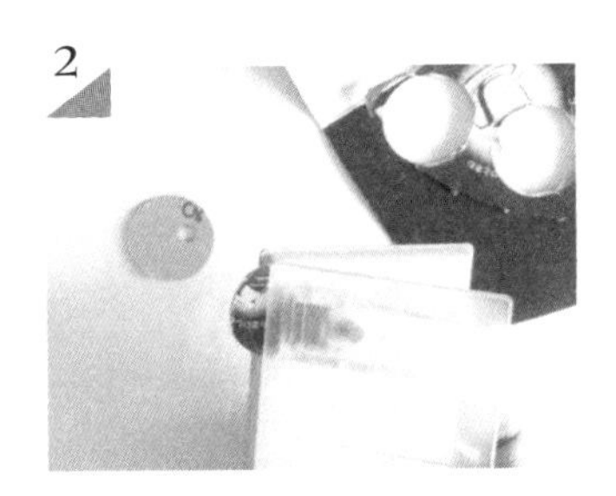

用厚纸板切割出两个直径大约 3cm 的圆，用打孔机打上孔。

3

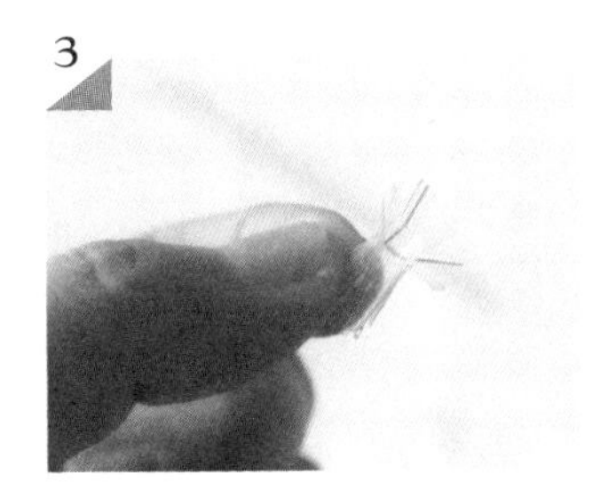

剪下一小段吸管，两边剪开花。

4

将吸管穿过厚纸板的孔，吸管两边开花用万用胶固定于纸板。

5

将绳子绑在吸管中间，打结固定。

6

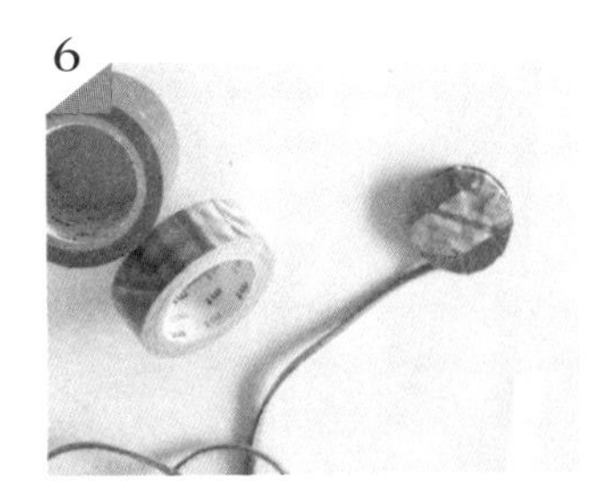

用喜欢的纸胶带装饰颜色。

7

另外一面用万用胶固定在自己的笔记本上，本子就有专属的腰带了！

WORK 14

Mirror, PCS

旅行镜子、药盒

很多女孩在旅行时都会随身携带小镜子，
毕竟，爱漂亮是 24 小时的事情，随时都要保持得美美的才行！
那么要不要试试看改造镜子呢？使用拼贴风纸胶带，
再盖上充满异国风味的印章，一个充满旅游风的镜子就完成啰！
同样的方式也可以用在药盒上面喔！

1

准备材料、工具：镜子、剪刀、印章、油性印台、纸胶带。先在镜子上黏上纸胶带。

2

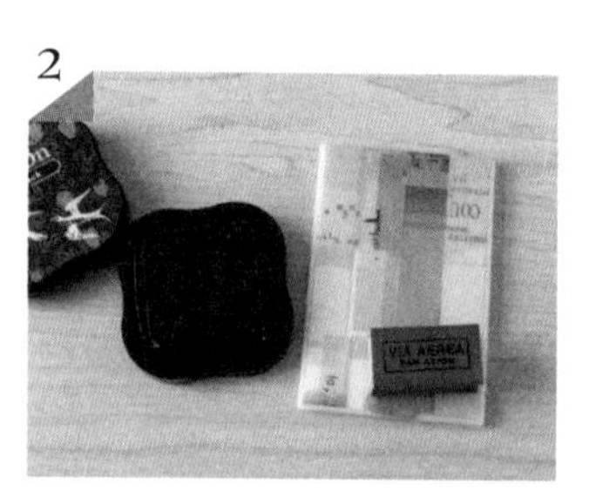

使用油性印台来盖印章。可以故意盖成有点歪歪的样子，增加随兴的感觉。

3

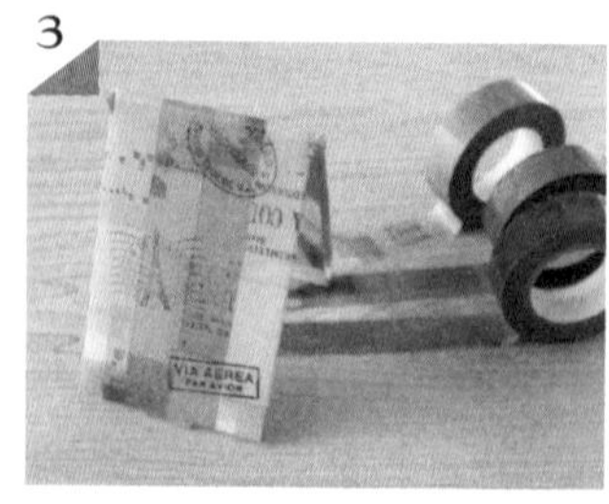

最后再把镜子的侧边用纸胶带黏起来，完成！

WORK 15

Travel Bottles 旅行中的瓶瓶罐罐

身体乳、发妆水、化妆水、眼霜、保湿喷雾……女孩出远门，最麻烦的就是瓶瓶罐罐也要跟着走。一起动手来把这些分装瓶改造成很可爱的样子吧！要注意的是，乘坐国际航线时，禁止携带体积超过 100ml 的液体，所以小瓶子要买 100ml 以下的，不然会被没收喔！

How to make

1

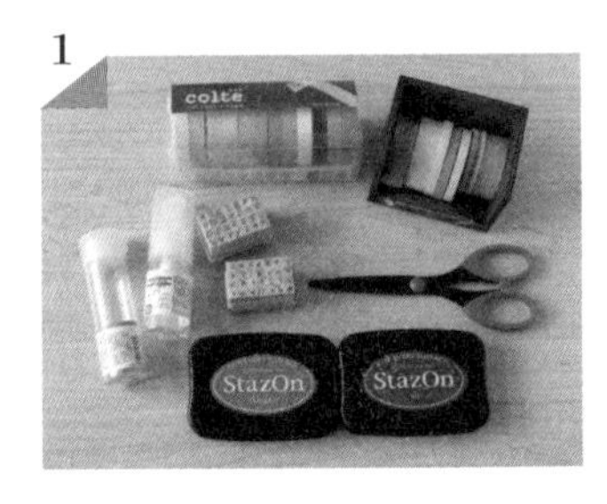

准备分装瓶、纸胶带、英文字母印章、油性印台或油性笔、剪刀。

2

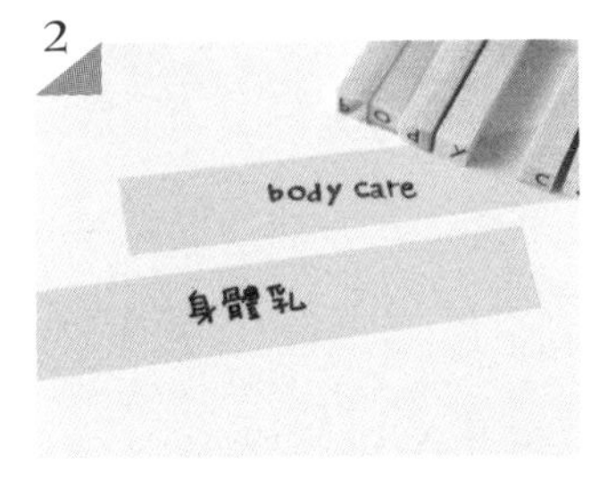

先在纸胶带上盖上保养品的英文名称，或是直接用油性笔写上也可以。

3

把纸胶带贴在分装瓶上，再加一些其他款式的纸胶带作为装饰。可选择同色系或是对比色的纸胶带作搭配，创造出不同的风格。

WORK 16

Go, Go, Lug Tag 旅行吊牌

Design by 幸仑

买好行李箱了吗？
再替自己制作一个特别的旅行吊牌吧！
将喜欢的纸胶带、纸张、贴纸……通通集合在一个画面里。
对旅行的渴望，全部都集中在这小小的拼贴风吊牌上了，
好想立刻拉着行李去旅行喔！

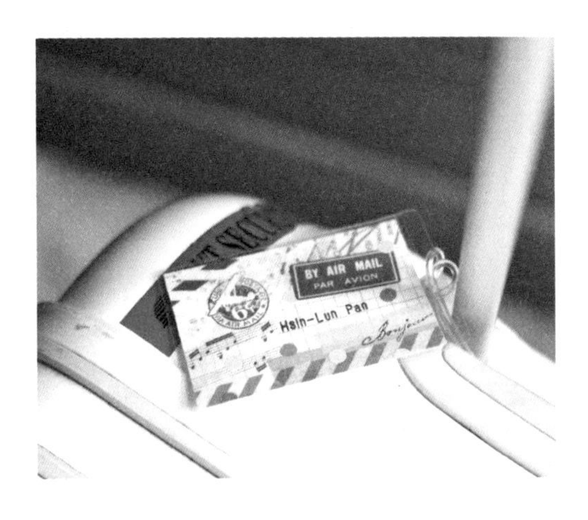

1

准备旅行吊牌、塑料绳、剪刀、口红胶、纸胶带、圆形贴纸、各式拼贴用的纸张（地图纸、英文报纸、方格纸、蕾丝纸等等）、可排列英文单字的字母印章、印台。

2

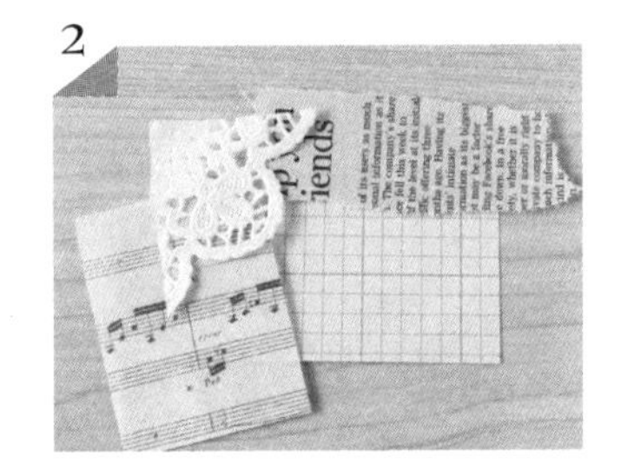

选出打底用的纸张并裁成适当的大小（约名片的大小），再挑选其他纸张做搭配，有些纸张可以用手撕边缘的方式，增加画面的丰富性。决定好排列的位置后，再用口红胶黏贴。

3

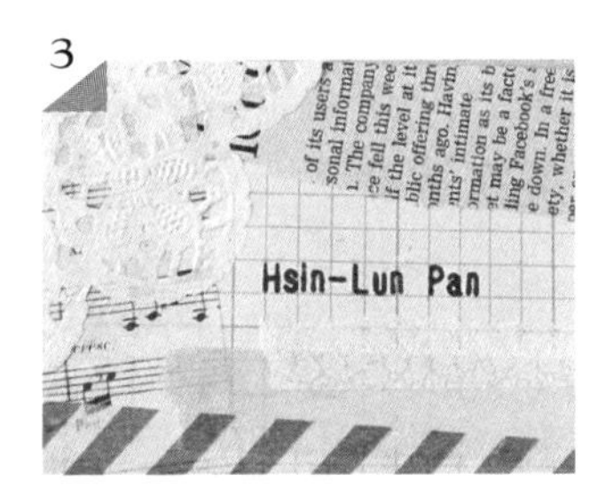

贴上纸胶带。排列好自己的英文名字后，盖印在上面；在小卡的背面写上手机号码、地址等，万一行李不见或拿错时，方便对方和你联系。

4

加上圆形贴纸、航空邮件贴纸。

5

最后再盖上印章，可视情况再添加一些其他的小装饰，拼贴的时候，要注意画面的平衡感。

6

再将拼贴好的小卡贴在旅行吊牌里，套上塑料绳，独一无二的旅行吊牌就完成啰！即使用了很多素材，依然可以营造出清爽的感觉，这就是拼贴的魅力！

draw my
wonderful life
10, 100 ... 84
lier un ... décimal
un nombre entier 86
lier un nombre entier par
nombre décimal 88
lier un nombre décimal
un nombre décimal 90
La division
e la division... 114 115 116
rt entre la multiplication
division 118
133 135 139 141
Les fractions
Les fractions ordinaires
Comparaison avec l'unité 217
Prendre une fraction d'un nombre 218
Fraction et quotient 220
Une fraction qui ne change pas
de valeur 222
Simplifier les fractions 223
Réduction au même dénominateur 224
Addition et soustr. des fractions 226
Multiplication des fractions 228
et M. Jouhami

chapter

02 绘出我的美妙生活

CARTE POSTALE

喜欢在旅行中拿着简单的画笔，搜集沿途看到的各类纸张，窝在陌生的房间里剪剪贴贴，有时只是随意的草图，在咖啡馆、公园椅子上都可以进行。看到特殊的贴纸、裁刀、花俏的笔，有时候也好心动，但是又觉得表达的方式有很多种，用简单的纸笔也可以好好地诉说描绘看到的风景。

~~41, Rue de~~
21, Rue de PARIS (8e)

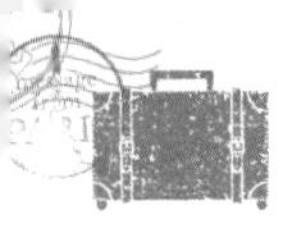

Design by Nydia

My Travel Diary Postcard

水彩毛笔的游记式明信片

旅行中很多细碎的片段想分享给友人，就即兴把当下的见闻或风景心情记录下来吧！
站在路边、蹲坐在阶梯旁，或是在咖啡馆喝杯热咖啡小憩时，
用水彩毛笔随性地涂鸭记录，软毛笔尖画出线条的粗细很写意，
休息够了，起身就把明信片贴上邮票丢到邮筒吧！

1

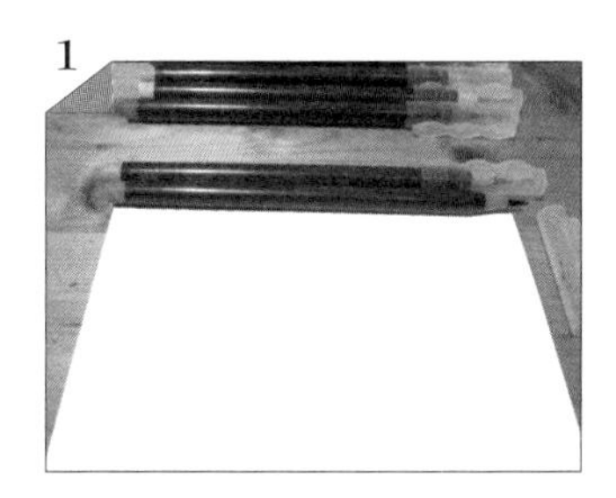

材料用具：水彩毛笔 2 色、水彩纸明信片。

2

设定主要标题和主图所使用的颜色。

3

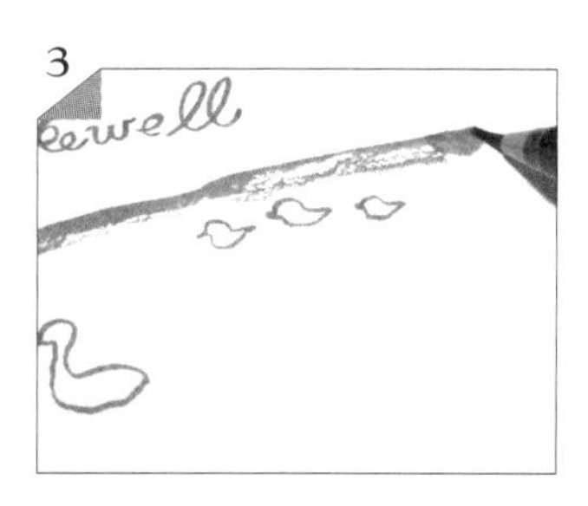

水彩毛笔倾斜刷涂在水彩纸上，可以画大面积，并有一点斑驳的效果。

4

笔尖放轻，可以画出小小的插图。

5

用另一种颜色来说明的文字。

6

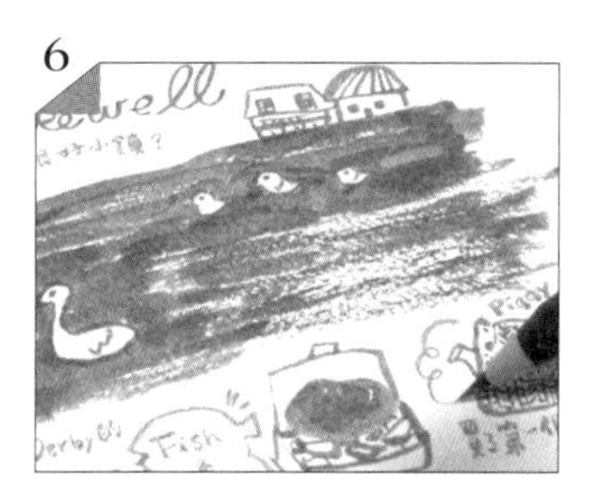

也可以画一点装饰的边线，但是记得份量不要超过第一个颜色的主图，颜色与风格才会明确完成。

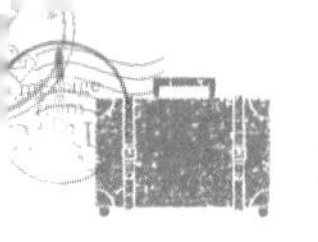

Cap of a pen

文化大不同明信片

旅行中发现和平常不一样的事物是最开心的事了，每当和朋友分享时，也会发现到每个人在意的角度都不同，用黑色钢珠笔、水性色铅笔和水笔画成一张对照组的明信片，相似的构图、相异的内容，把它嵌入鲜艳的美术纸里头，为自己的旅行游记增添特别的一页。

How to make 164

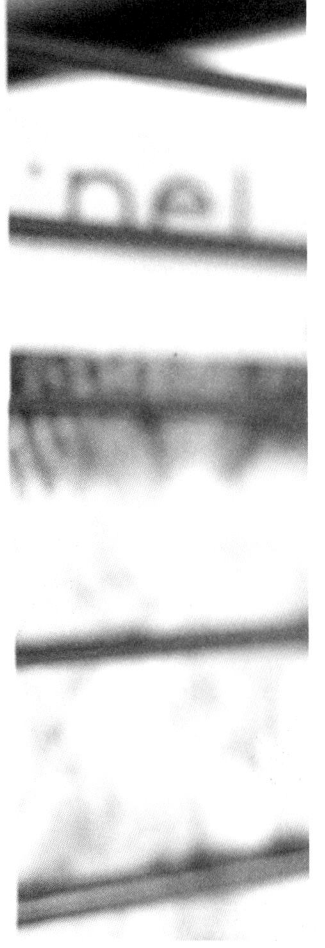

How to make 164

Impressive Name Card

充满话题的介绍小卡

出国旅行时，想要和刚认识的外国朋友们轻松交谈，
做几张自我介绍的小卡片吧！
贴上几张充满台湾味而且自己喜爱的事物，
只要一拿出来保证让人印象深刻！

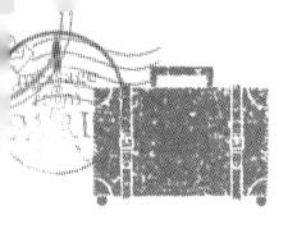

Travel Sketchbook

旅行剪贴本

How to make 165

沿途搜集而来的各类纸张总是琳琅满目，
有当地的讲堂文宣、喜欢的茶馆名片……
我还得到一本朋友在当地读书会设计的小册子。
把这些都收纳在那本小册子里头，
或者有当地特色的杂志拿来当剪贴簿也非常对味，
里头已经有些图文的内容，让剪贴的视觉看起来不会很单薄，
即使不太会画图的人也可以这么做。

My Suitcase
我的旅行箱

只要看一个人的旅行箱，就可以大概知道这趟旅行的模样，
我很喜欢记录每一趟旅行带了什么。
用黑色代针笔在另一张白纸上画出各种衣物，
用色铅笔填好颜色再剪下，贴到旅行箱卡纸上，
这样的方法可以预先安排衣物摆放的空间，
而不会有“图越画越小”的困扰，
即使对构图没有信心的朋友，
也可以轻松整理自己的旅行箱（笑）。

How to make 168

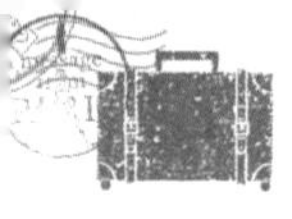

WORK 06

Pop Up Memories
打开旅行的立体回忆

How to make 166

住在陌生的房间、走进别人的厨房……
在一个不熟悉的空间生活一阵子，
那空间与角度都成了独特的回忆。
把它做成立体卡片，每次打开就趴在桌上仔细地看好几回，
好像回到那个空间里，坐在沙发上和朋友谈笑着，
还依稀记得厨房飘着红酒炖牛肉的香气。

Colorful Mini Schedule

迷你版的彩色原子笔行程表

背上背包，
带一支六色彩色原子笔和小册子就可以
自在地出行了！
把行程表整理在小册子里，
用各种颜色标注行程，
每一个修改或批注都是美好的旅行记录。

How to make 174

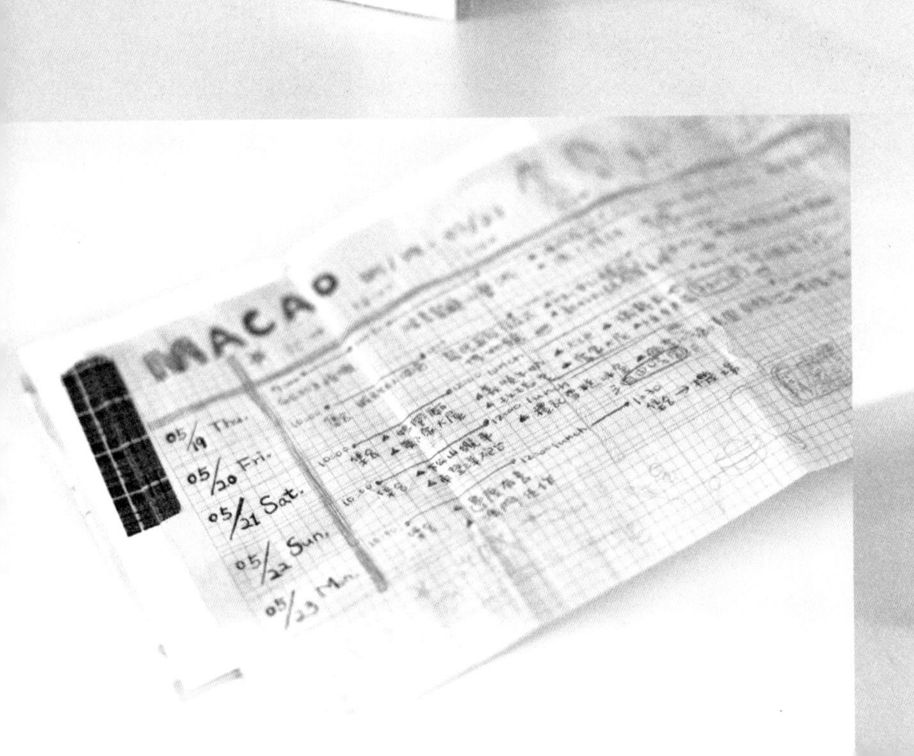

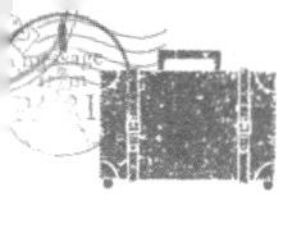

Travel Diary in Watercolor Pencil

用水彩色铅笔画旅行日记

How to make 170

适合随身携带的水彩色铅笔，
在旅行时，每时每刻都可以轻松画出
或拼贴出充满个人风格的旅行日记。
现在，跟我一起去童话德国，乘着火
车旅行吧！

How to make 172

Hello, the World! Painting Frame

拥有地图画框的梦幻水彩风旅行挂画

用水彩色铅笔和砂纸，画下心中最梦幻的旅行，
再把旅行中用到的地图，做成画框，好好裱起，
向这个美丽的世界致敬，说 Hello!
然后出发去旅行。

Airplane Wrapping Paper

独一无二的透明水彩风飞机包装纸

当水彩色铅笔遇上飞机橡皮章，
盖盖盖，玩出最独一无二，又充满手
感温度的透明水彩风飞机包装纸。

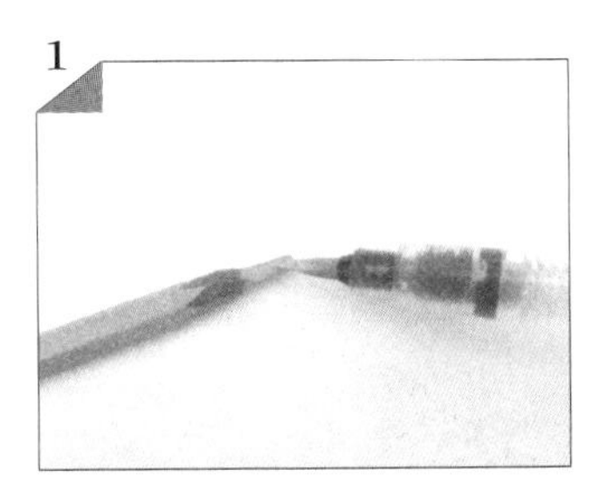

用水笔直接沾染天蓝色水彩色铅笔上的颜料。

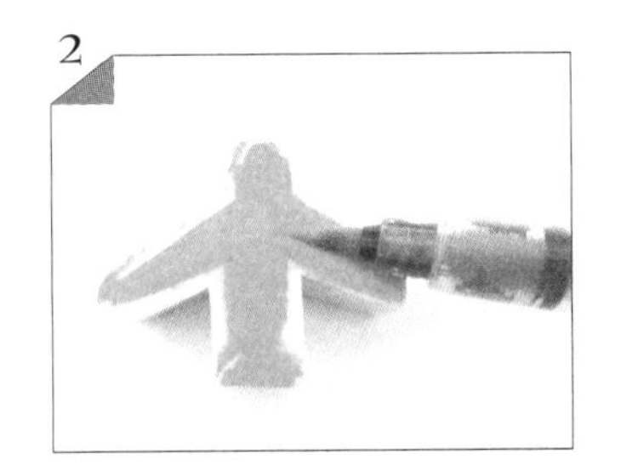

将水笔上的颜料直接画在飞机橡皮章上。

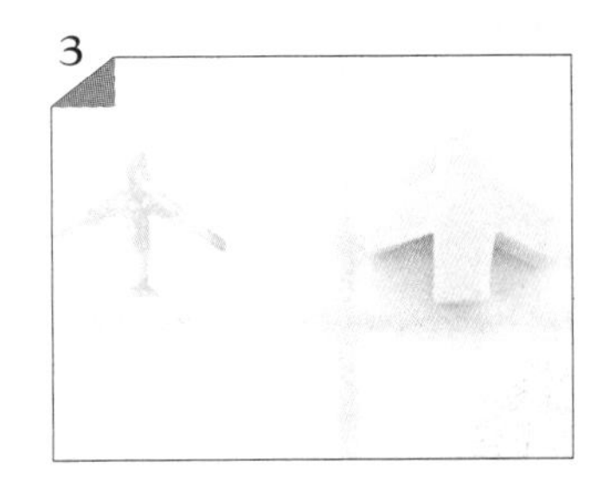

盖在纸上一一对齐。

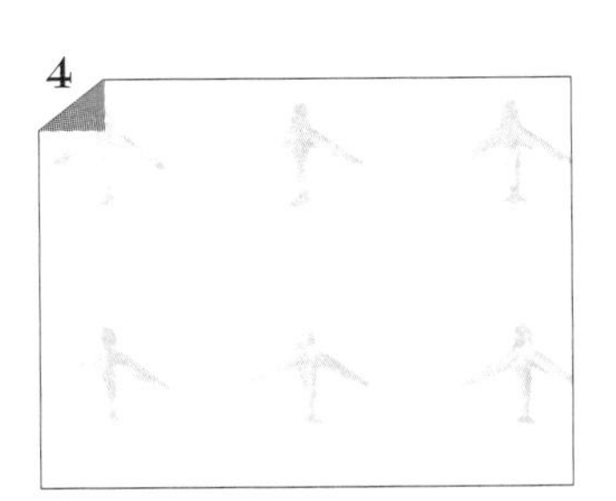

透明水彩风飞机包装纸完成。

将飞机包装纸包裹礼物。

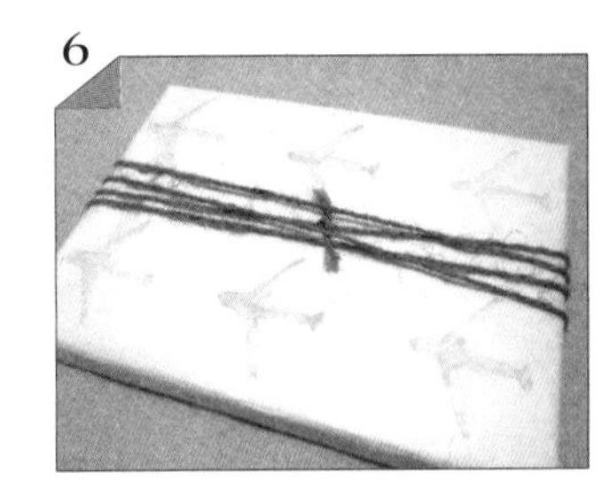

中间用麻绳随意缠绕。

最后夹上旅行底片礼物吊卡，独一无二的透明水彩旅行风礼物包装完成。

How to make 173

Drawing My Diary Cover

带着水彩色铅笔去旅行的
旅行日记封面

充满个人风格的旅行日记，封面当然也不能放过，
用描图纸、纸胶带、代针笔和水彩色铅笔等各种材料，
大玩旅行日记封面，让即将开始的旅行，更值得期待。

Map Envelopes with Memories

装满旅行回忆的地图信封

How to make 175

将旅行中使用的地图做成信封，用水彩色铅笔画在纸胶带上贴上装饰。
把旅行中所有的票根、收据、喜爱的店家名片等小东西通通放进里面收好，
变成专属于自己这趟旅行的回忆礼物。

How to make 169

Cap of a pen

用水彩让底片显影的礼物吊卡

用水彩色铅笔与遮盖液，
做成象征旅行点滴的彩色底片，
送给自己，送给最爱的人。

Ticket Polaroids

用车票画成的拍立得

旅行中的每一张车票都别具纪念意义舍不得丢，
那不如再把它变成更棒的旅行礼物送给自己。
把背面变成拍立得，
一张张地用水彩色铅笔画上旅行的点点滴滴吧！

How to make 176

How to make 177

Design by 克里斯多

Double-decker Bus Postcard

水彩色铅笔与地图，点点点出伦敦双层巴士明信片

在旅行中随手可得的地图上，用水彩色铅笔，
直接沾水点出最喜欢的交通工具，
点出最缤纷的明信片，
点出最棒的旅行礼物。

WORK 16

Design by 克里斯多

Watercolor World Map

水彩风彩色世界地图

用水彩色铅笔简单一笔一画，
给自己一个彩色的环游世界梦。

How to make

1

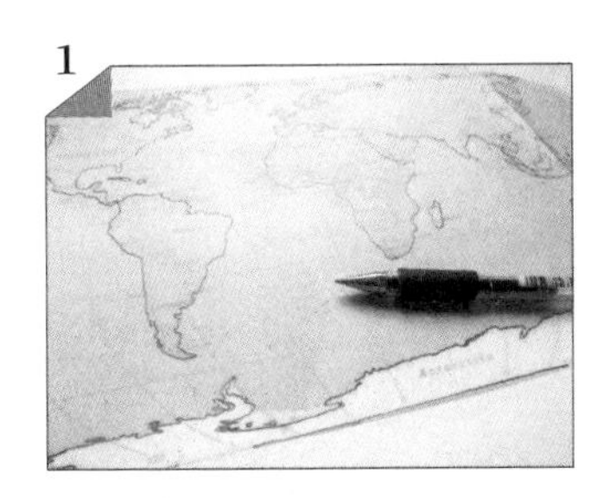

将描图纸盖在世界地图上，用黑色原子笔在描图纸上描绘出世界地图。

2

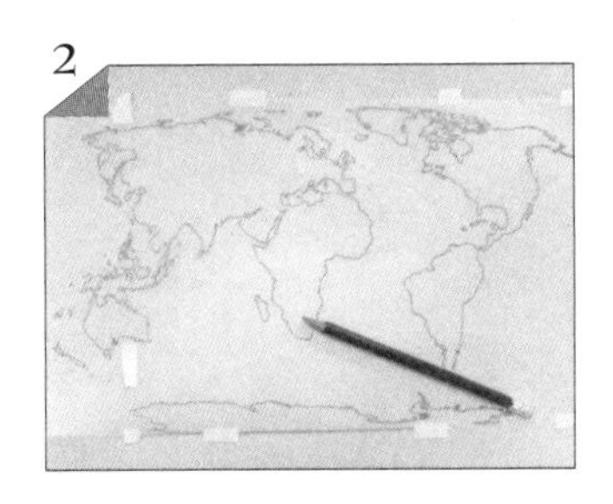

将描图纸翻面，用 2B 铅笔在描图纸背面描绘出相反的世界地图。

3

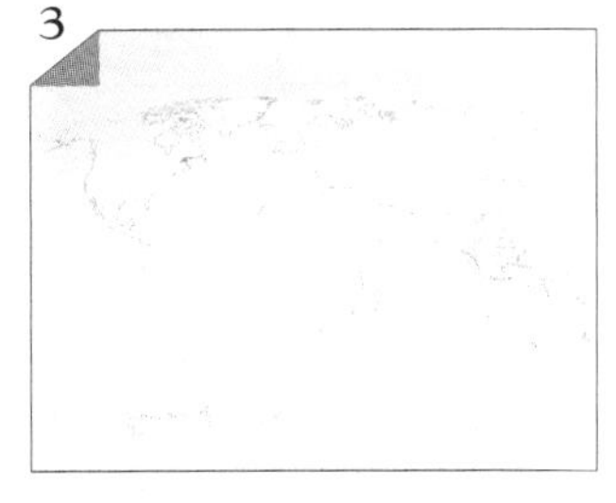

将描图纸的背面直接覆在日本水彩纸上，压印出轻浅的世界地图轮廓。

4

选用粉红、红、橙、黄、绿、蓝、靛、紫色的水彩色铅笔。

5

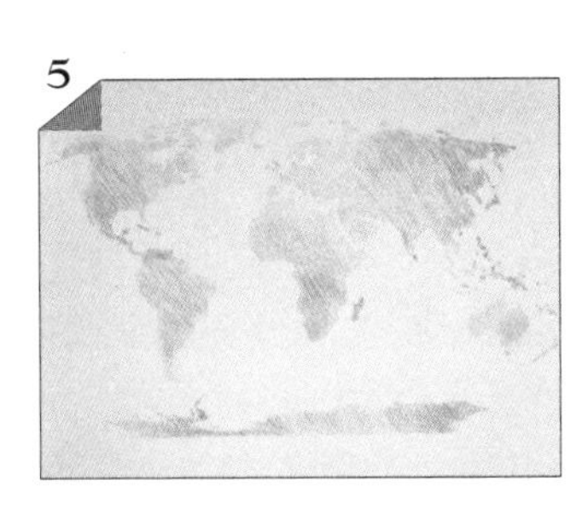

在世界地图上画上七彩颜色，同时用软橡皮擦将压印的铅笔痕轮廓擦掉。

6

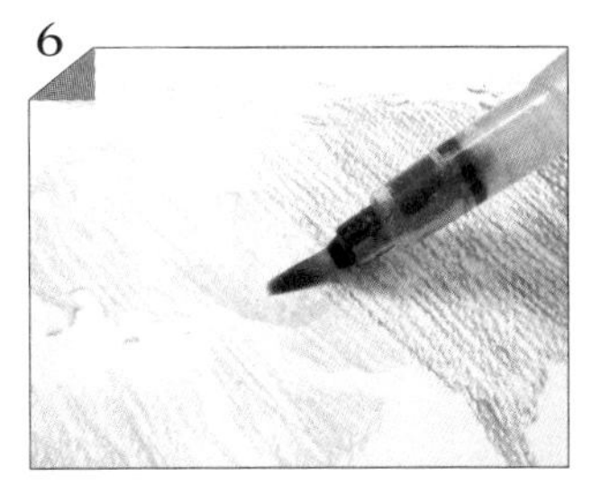

用水笔由浅色至深色将颜色晕染开，为保持每种颜色的干净清透，中间可不时使用卫生纸将水笔擦拭干净，再进行下一个颜色的晕染。

7

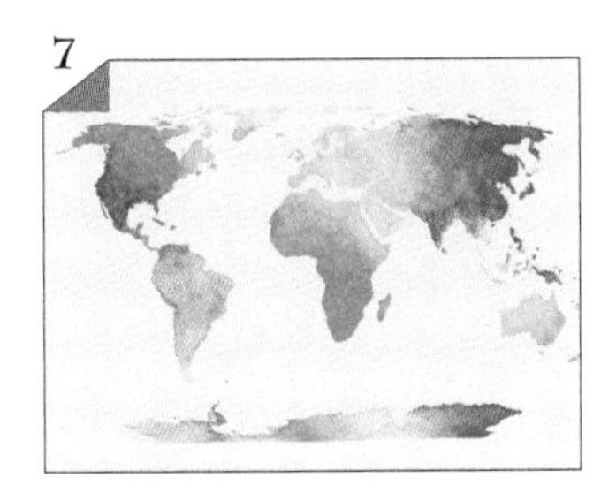

用水彩色铅笔，轻松画出水彩晕染风的彩色世界地图。

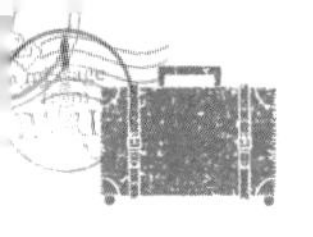

Photo Album

相簿也是小日记

相机不仅是一起旅行的好伙伴，还能保存生活的点点滴滴，
当心里飘过一朵小乌云时，打开相簿看看记忆里的风景，
看着看着想起当时的快乐和暖暖的阳光温度，
忍不住就微笑起来了呢！

1 准备黑色相簿、彩色铅笔、相片角贴纸和旅行的照片。

2 用相片角贴纸固定照片的四个角，对好位置黏贴在相簿上。

3 使用打标机打出照片上的旅行时间，也可以拼出地点或店家名称。

4 选用颜色较浅的色铅笔，在黑色相簿上写字和涂鸦，有不同的效果。

5 轻松记录下当天的餐点、发生的小事。

6 相簿小日记完成啰！

National Flags Stickers

环游欧洲国旗行事历标签贴

今年，给自己一个环游欧洲的梦吧！
用水彩色铅笔和纸胶带，
简单做出想去的 12 个欧洲国家的国旗标签贴，
依序贴上行事历的 12 个月，
让今年每个月每一天，都因为欧洲旅游梦而惊喜。

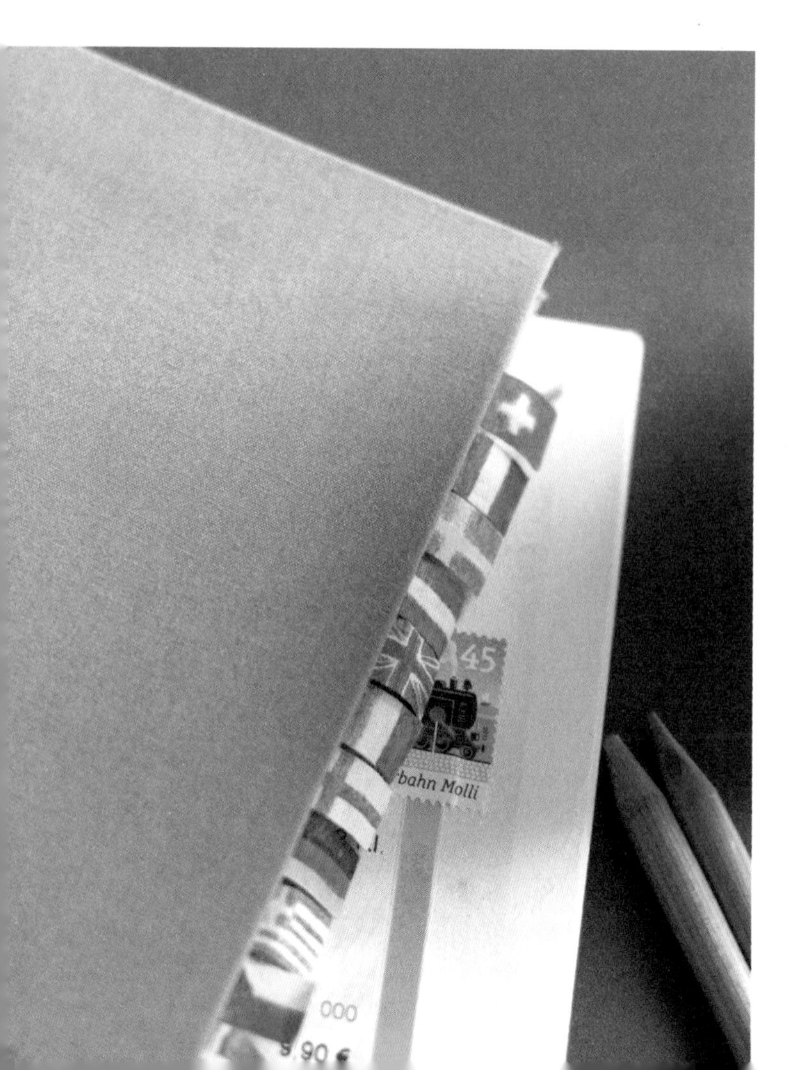

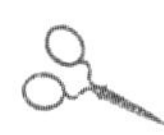

How to make

1

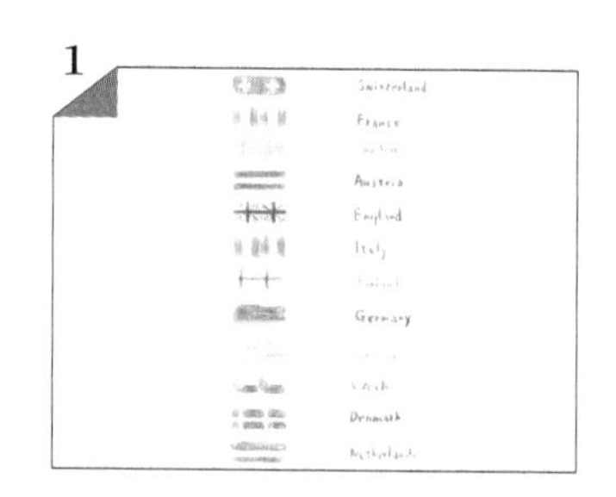

将画画用纸胶带贴在纸上，直接用水彩色铅笔画上喜欢的欧洲各国国旗。

2

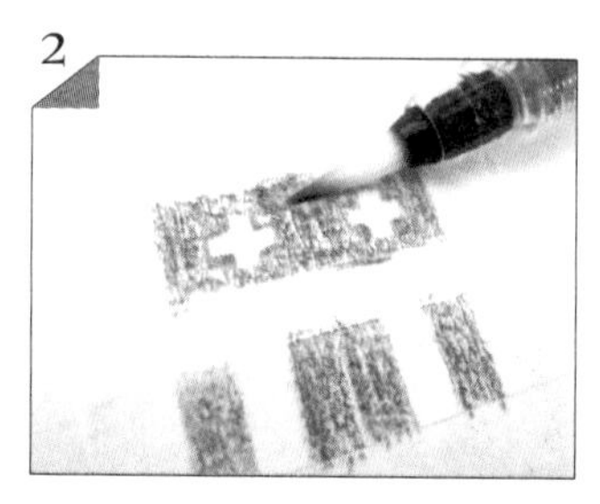

再用水笔晕染开，每晕染一个不同的颜色前，水笔都要先用卫生纸擦拭干净再晕染。

3

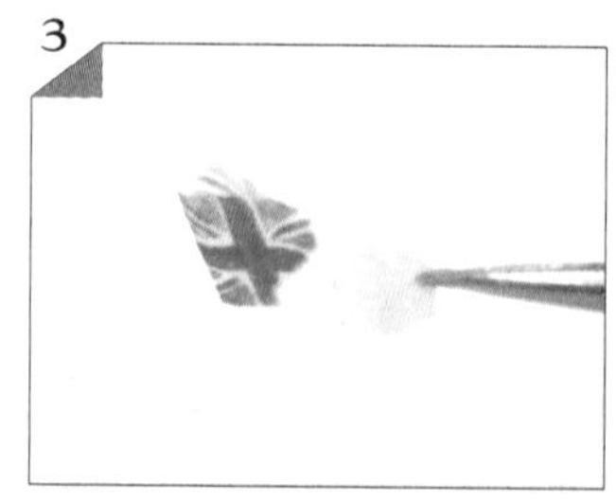

将画好的国旗纸胶带撕下，用镊子辅助，对折黏起。

4

将 12 国国旗纸胶带标签贴依序贴上行事历边缘即完成。

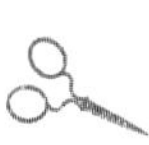

How to make

WORK 19

Bon Voyage Stickers

色铅笔，自己画手绘旅行风贴纸

水彩色铅笔，是水彩，也可以是色铅笔，
这次就用随手可得的标签贴，
用水彩色铅笔，轻松画出各式各样的旅行风贴纸，
把桌历、行事历和随身小本本都贴满满。

1

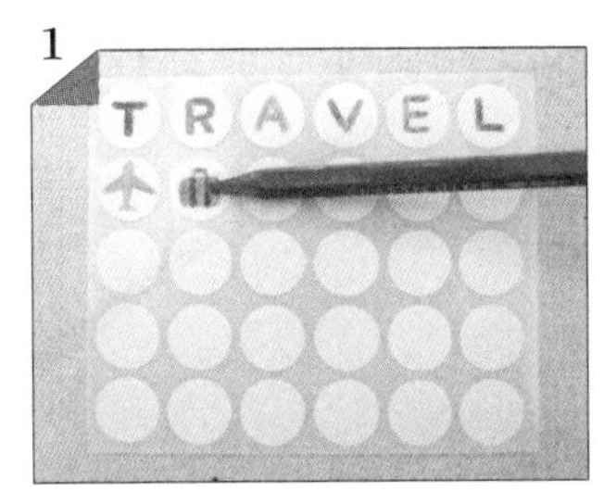

用水彩色铅笔，直接在没有亮膜的圆形标签贴上，画上所有喜欢的旅行风小物。

2

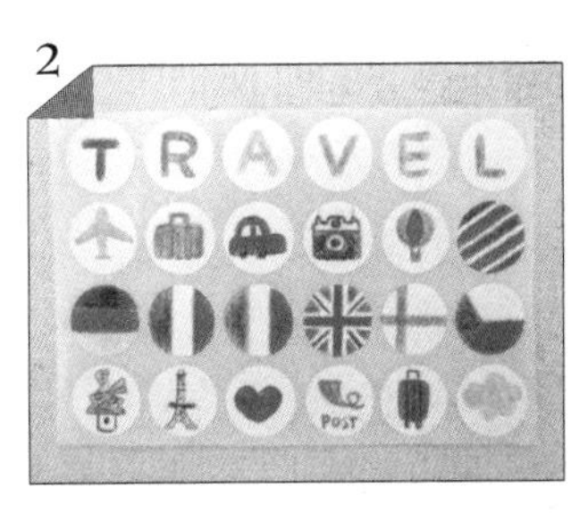

在桌历、行事历、随身小本本，或是任何喜欢的地方，都贴上满满的、独一无二的手绘旅行风贴纸吧！

WORK 20

Design by 大宇人

Postcards to Myself

旅途中的明信片

旅行的途中，很多景点都可以
盖纪念章；
拿出明信片盖下来寄给自己，
就是旅途中最好的纪念品了！

How to make

1

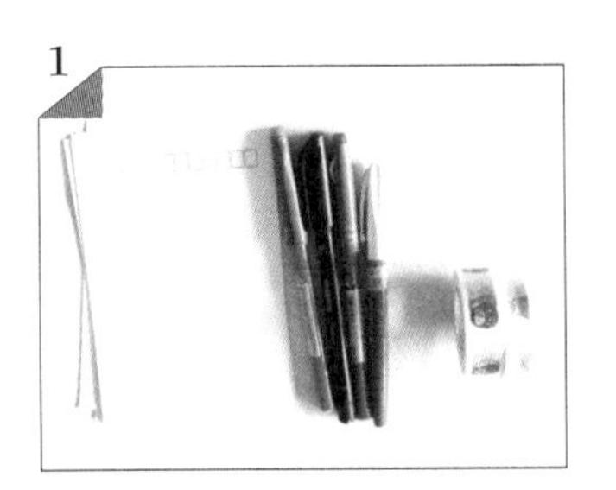

材料：空白明信片（可以用明信片大小的水彩纸代替）、绘画书写用具。

2

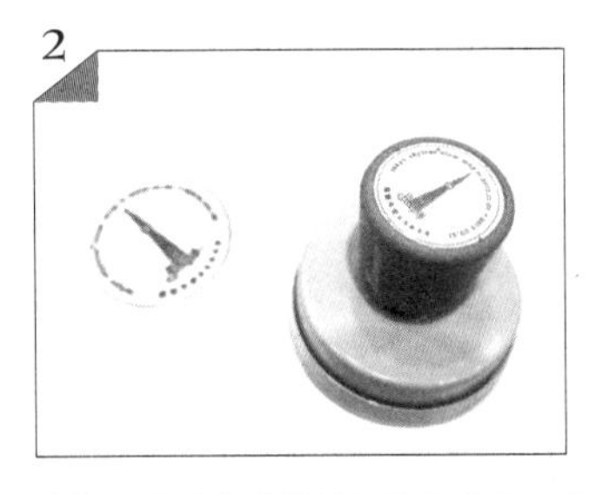

在旅行的途中看到景点的纪念章，拿出空白的明信片在正面盖上去吧！

3

加上一些图画以及纸胶带装饰明信片。

4

写上旅行所见所闻、贴上邮票，寄给自己或者朋友。

5

当地推出的特有明信片，寄给自己也是很棒的纪念品，拿起笔写张明信片寄给自己吧！

WORK 21

Handmade Postcards

手绘明信片

每回旅行，光是购买明信片
寄给亲朋好友，
也是一笔不小的开销，
带着自备的空白明信片，
以当地搜集到的文宣、糖果纸等
拼贴成独一无二的旅行明信片，
格外具有纪念性。

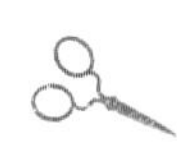

How to make

1

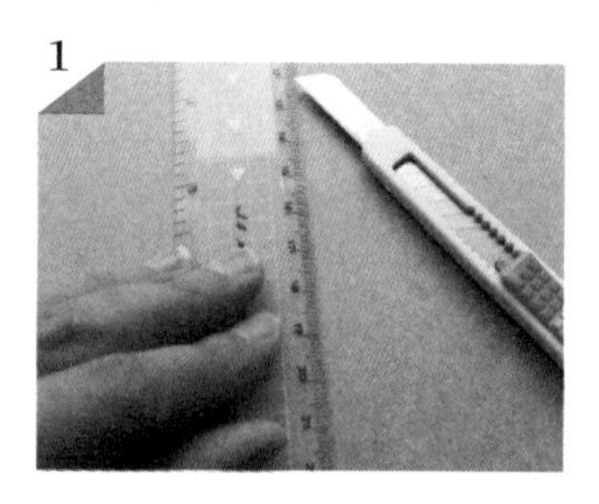

准备厚磅美术纸、圆角器、色铅笔、自黏贴纸等工具及材料。再将美术纸裁切成 10cm × 15cm 的尺寸。

2

用圆角器将明信片四边修圆，增加独特感。

3

以色铅笔画出邮票黏贴处、边框、小插图，另一面留白，这样手绘的空白明信片就完成了。

4

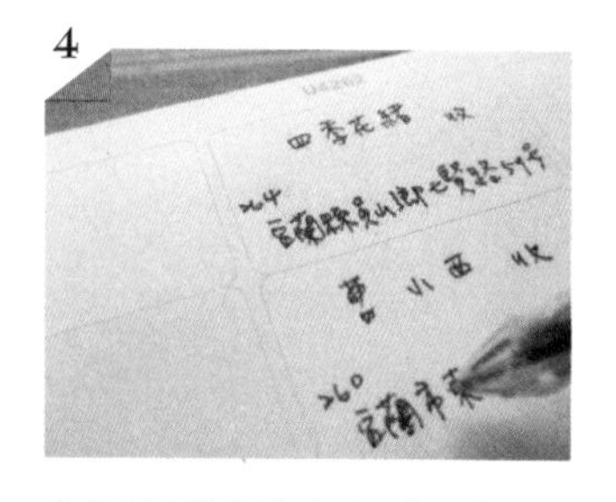

在分割好的自黏贴纸上书写收件人及地址，备用。

5

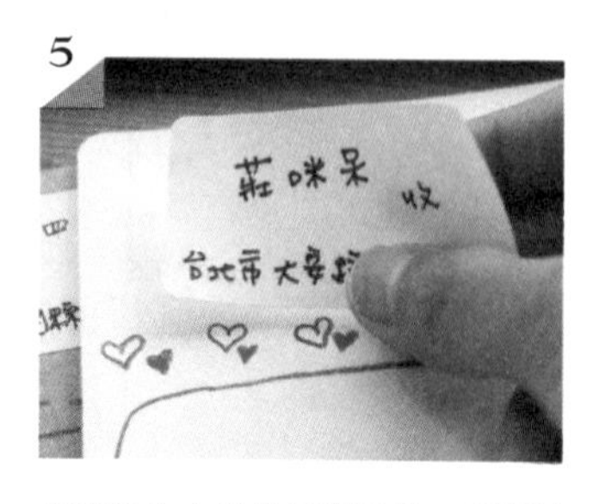

先将收件人及地址都写好，就随时都可以寄出明信片啦！

6

10cm × 15cm 的明信片尺寸和 4 寸 × 6 寸寸相片一样大，可以用相簿收纳愈来愈多的明信片，翻阅时清楚明了。

How to make

1

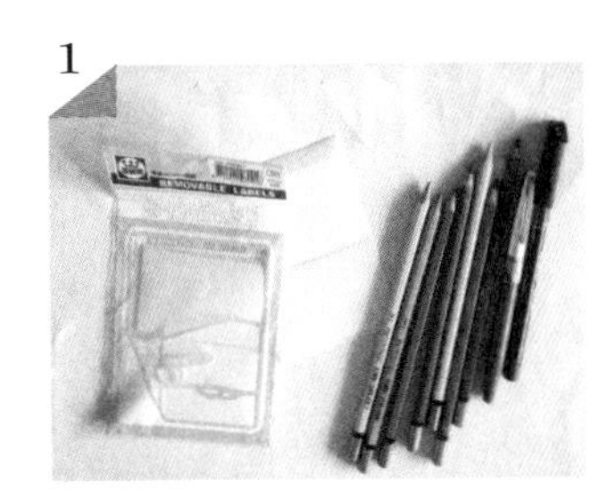

材料：空白标签贴纸、彩绘用具。

2

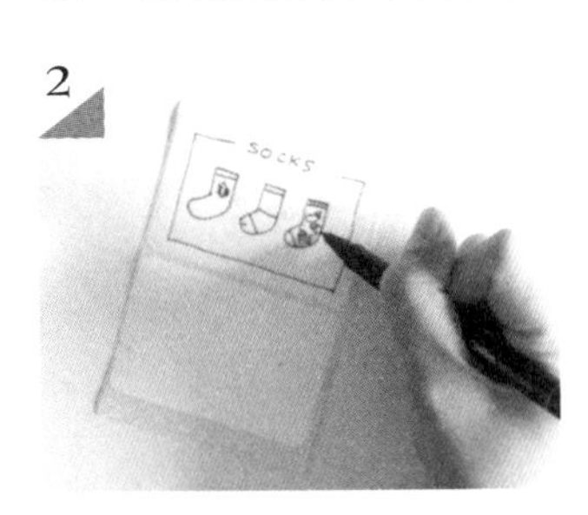

在标签贴纸上，将衣物的分类画下来。

3

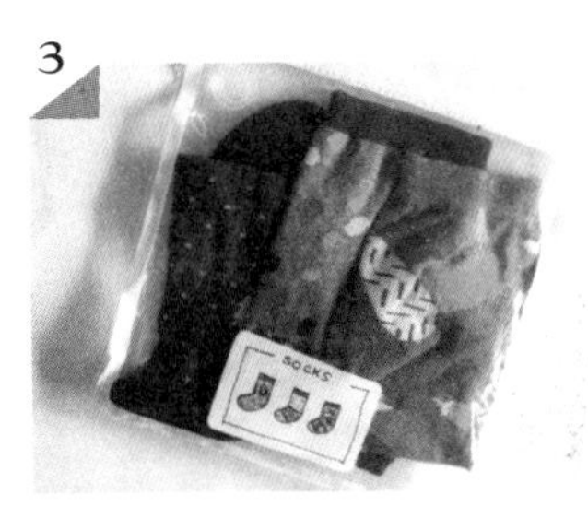

彩绘上衣服的颜色，彩绘时可以依照衣物整体颜色简单描绘即可。最后贴在收纳袋外面，将分类的衣物装进去。

WORK 22

Assorting Stickers

行李收纳标签

出国旅游行李收纳是个难题，衣物的整理更是大苦恼；
把它们画在收纳袋上，一目了然之外，搭配服装也更容易了。

4

将各类别的衣物都画上标签，贴在收纳袋外面。收纳找寻衣物就变简单了！

Bookmarks Playground
小标书签

为了规划完美行程，
旅行前总会翻看许多参考书籍，
用小标书签就可清楚标示出必吃美食、
必拍摄的景点、必买的伴手礼等。

用小圆贴纸的好处是规格统一，旅行结束后可再黏贴上其他小图示，书签即可做其他标示使用。

How to make

1

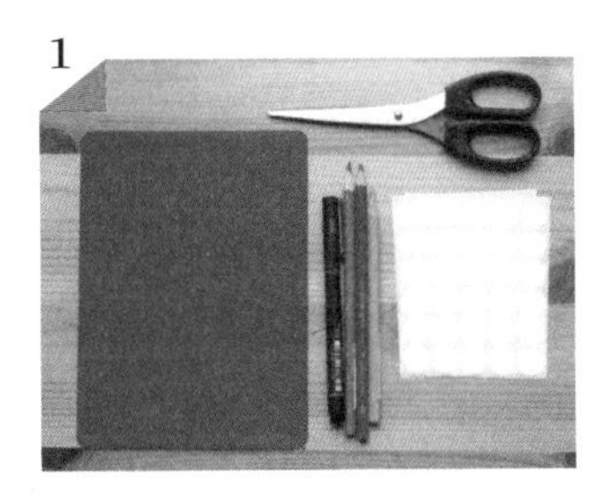

准备PP垫板、小圆标签贴纸、剪刀、色铅笔。

2

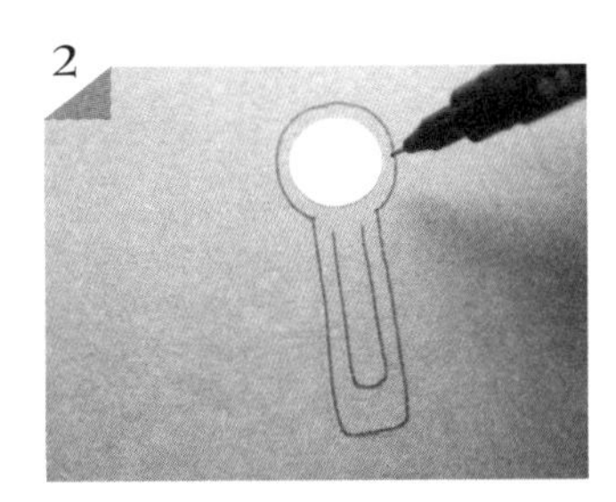

将一张小圆贴纸贴放在厚卡纸上，依圆的外框画出版型。

3

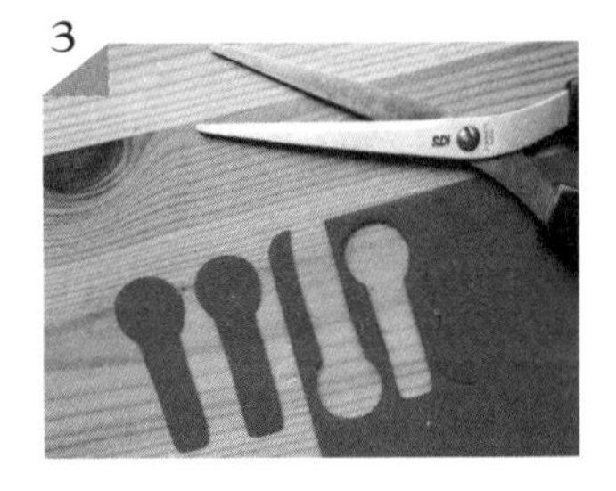

将版型描在PP垫板上，剪下。

4

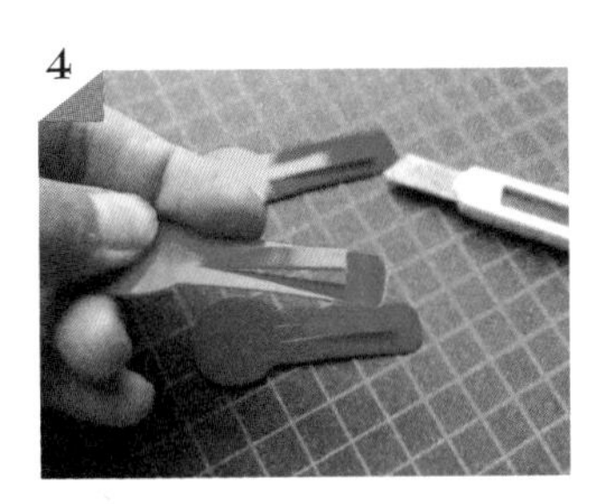

割出书签的插脚。

5

在小圆贴纸上画出标示小图，如：必吃、必拍、必买。

6

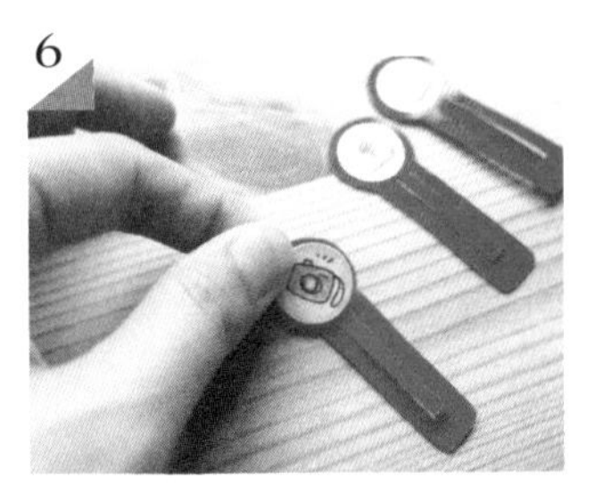

将画好的小圆贴纸贴在剪好的书签上即完成。

Rosy's Note
Draw a
good color
par 9 ... multiplication 66
er un ... décimal
10, 100, 1 0... 84
er un nombre décimal
un nombre entier 86
er un nombre entier par
ombre décimal 88
er un nombre décimal
un nombre décimal 90
La division
la division... 114 115 116
entre la multiplication
division 118
males 200 202
Les fractions
Les fractions ordinaires 216
Comparaison avec l'unité 217
Prendre une fraction d'un nombre 218
Fraction et quotient 220
Une fraction qui ne change pas
de valeur 222
Simplifier les fractions 223
Réduction au même dénominateur 224
et M. Louhami

chapter

03 涂抹一朵好颜色

CARTE POSTALE

不管是纸蕾丝与彩色墨水的渲染，还是色铅笔和亚克力颜料的应用，原本平凡的纸盒、数据袋，马上拥有不同的新面貌，好似自己也是个创造幸福的文具设计师呢！

41, Rue de
21, Rue de PARIS (8e)

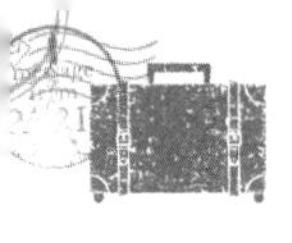

Colorful Travel Tumbler

缤纷渲染随身环保杯

可置换杯面图案的环保杯，利用彩色墨水渲染呈现的缤纷色彩，放在包包里也带来好心情！大小旅行的时候更是不可或缺，装进外带的热呼呼的拿铁，为你带来旅途中的小幸福。

How to make

1

准备好环保杯、纸蕾丝一张、彩色墨水和色铅笔。

2

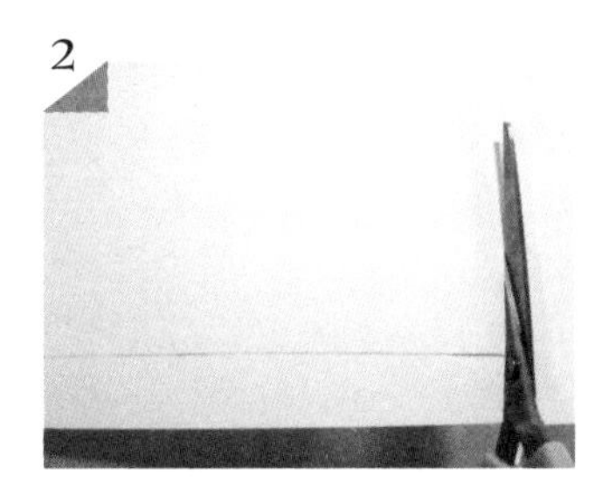

在插画纸上描下杯面图案所需的大小，之后用剪刀剪下。

3

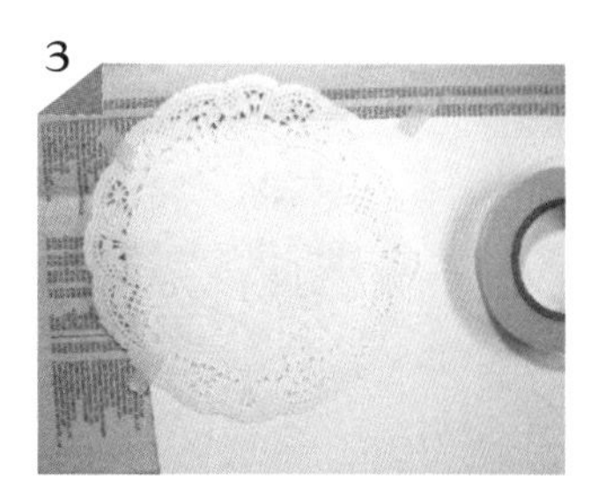

先在桌上铺报纸，用纸胶带黏住纸蕾丝的边缘，固定在刚刚剪下的插画纸上。

4

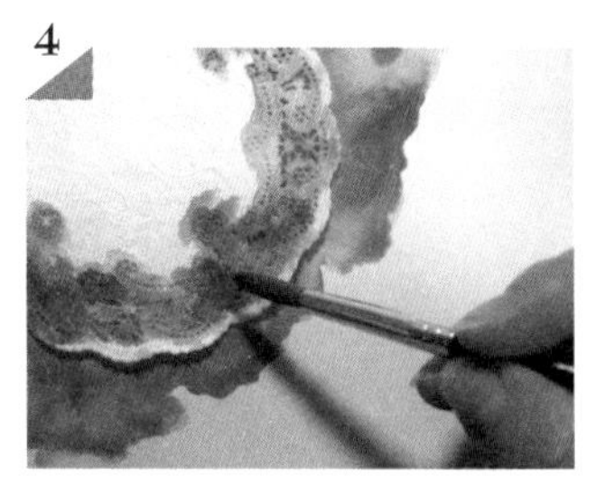

用笔头较细的水彩笔蘸取彩色墨水，在纸蕾丝的镂空部分上色，注意笔不可以蘸得太湿喔！

5

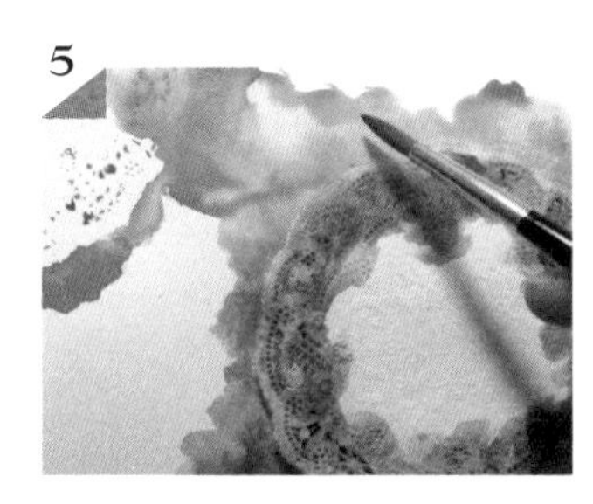

可以使用多种颜色来混色，呈现缤纷的色彩，完成一角之后，换对角的位置一样贴上纸蕾丝，继续渲染。

6

最后右上角也再一次用重复的做法渲染。渲染完取下纸蕾丝，插画纸空白的地方，可以直接用笔蘸取颜料来上色。

7

等插画纸上的墨水都干了之后，使用黑色代针笔，画进女孩、花园、小动物等图案，增加画面的丰富性。

8

在图案较细小的部分，可用色铅笔局部着色。

9

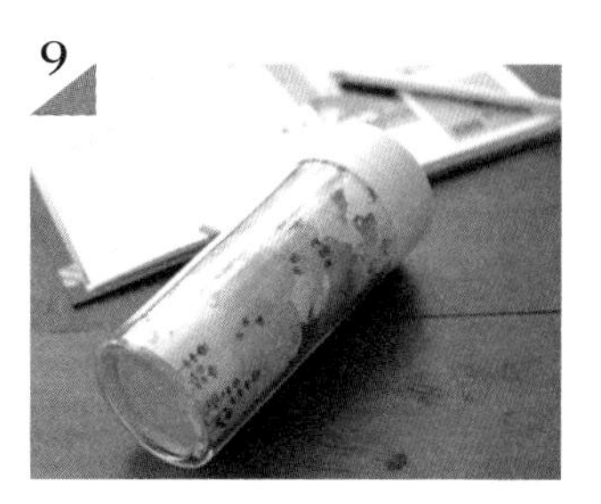

最后把画纸套回环保杯里，原本白色的杯面，就变得完全不一样啦！

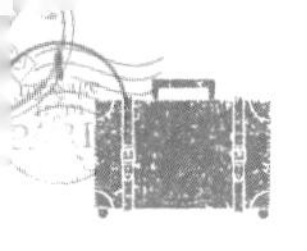

Chic Girl Book Wrapper

旅行女孩手绘书套

杂志专题里的可爱模特儿，拖着行李或背起包包的模样好像很幸福！好想成为这样有勇气实现自我的女孩，那么为自己准备一个旅行专用的书套吧！在笔记本里写下出发时的心情，或是画上带着一起上路的散文书，就算是一个人的旅途也不觉得孤单。

1

画几个旅行女孩的草稿，可参考杂志或书本上的动作、造型，选定喜欢的图案，在仿皮质感的书套上用铅笔轻轻地画上草稿。

2

拿出纸调色盘，把亚克力颜料挤在上面调色，之后为刚刚打草稿的女孩上色。

3

先上色在衣服、头发等面积比较大的范围，再接着加上腮红、发夹等小面积的图案。

4

等颜料完全干了以后，用黑色代针笔描边，画上女孩的眼睛，也可以写字。

5

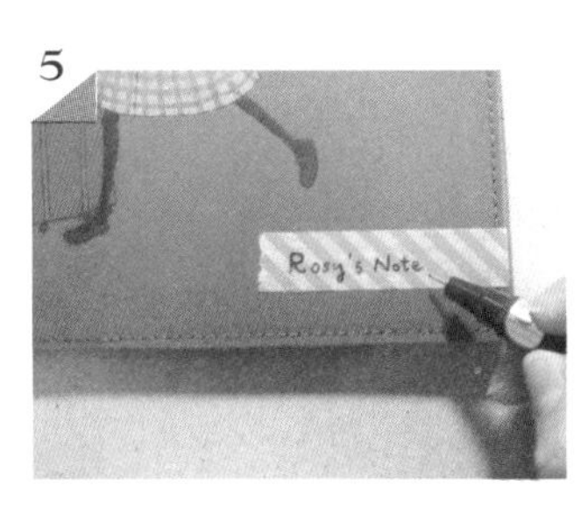

贴上一段纸胶带，用代针笔写上名字或其他信息。

6

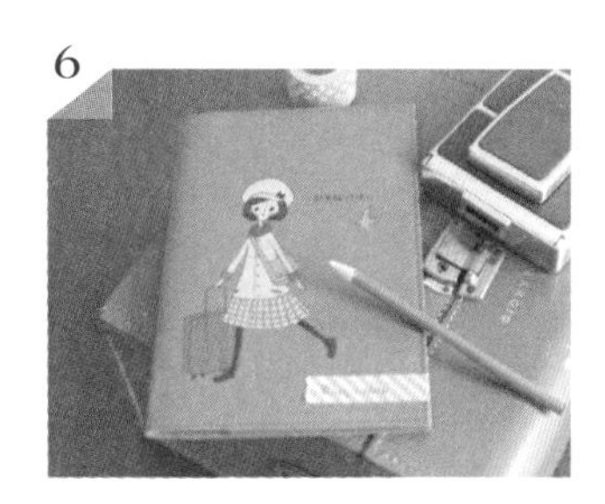

充满个人风格的书套就完成啦！

去捷克旅行时，
发现了欧洲的邮局 mark
大多都是个可爱的喇叭造型，
用铝线自己折一个展示夹，
就可以秀出旅行寄回来的明信片了。

How to make 179

WORK 03

Design by 小西

Postcard Clip

欧洲邮局 mark 明信片夹

WORK 04

Rainbow Stickers

彩虹一样的手帐贴纸

旅行记录最重要的手帐笔记本，票根、收据、咖啡店名片等，各式各样旅行的痕迹，都想好好留下来保存，加上像彩虹一样缤纷的贴纸，一定可以让回忆的色彩更丰富，还能满足自己当文具设计师的梦想呢！

How to make 191

WORK 05

Mitsutama Assorting Bag

可爱点点收纳袋

旅行时最头痛的就是打包行李！得准备多个收纳袋，来好好收拾随身的小东西，要为透明收纳袋换上可爱的点点新装，也非常简单喔，一起来动手做吧！

How to make 179

Photo Frame

为回忆好好裱框

照片是旅行最重要的回忆了，相框裱起来挂在房间，使用白色颜料和英文报纸，制作有点仿旧的刷白相框，装进巴黎铁塔底下的旋转木马，或是东京公园里的银杏树和京都巷子里遇见的小野花，可以妆点生活又可以时时温习旅行的风景。

How to make 178

How to make 193

WORK 07

Safe & Well Omamori

心想事成平安御守

离开熟悉的城市到远方旅行，内心总是有点忐忑不安，不管是自己或是身边亲爱的人，希望能够一路平安顺心，不如动手做一个“旅行平安御守”来当作护身符吧！满满的心意和祝福，一定能守护着对方，也带来更多勇气喔！

WORK 08

Design by
杂粮面包

Message Board

相遇那刻的旋律——唱片留言版

无论是阳光洒落的午后，或是点点灯火的夜晚，
“A House”总是飘扬着美妙音乐和亲切笑语声。
透过许多创作人不同形式的演出和分享，
任由思绪随着音乐飘浮漫游，
经历一场场跨越时空与国界的精彩旅程。
将每一段的相遇刻画成一道道的音轨，
记录下对于音乐的热爱与生活中的点滴回忆～

My Beloved Suitcase

一卡皮箱的记忆——手提箱壁饰

How to make 181

总有许多有趣的事物，在某个转角等待被发现。
来自不同国度，有着丰富多样的文化背景，
在灯光的投射下，杂货们述说着一段又一段故事。
各式的杂货为生活增添许多乐趣，
从风格类型到色调选择与摆放搭配，丰富了生活对于美的感受与抒发。
总在聆听杂货述说故事的同时，在“遇见自然”与灵感相遇，
跟着创作一起去旅行。

WORK 10

Tree & Shadow Adornment

漫步虚实间的梦境——树影壁饰

How to make 185

在“Changee”遇见了创意的旅人。
独特的氛围，源自纯粹的相遇与分享，
来自不同领域、文化和语言的人们，
每一次的对话，都是不同生命历程的彼此激荡。
在这里，体会了美感在虚与实之间的感动与可能；
在这里，听闻旅人述说旅途中与自我独处的明悟；
在这里，交流彼此的想法并分享创作历程与素材；
在这里，寻得新的方向和力量。

My little Green Bird

绿叶间的小精灵——杂货摆饰

相较冷硬平坦的步道，更喜欢在绿荫草地探险，
就像回到童年时期，满山遍野地寻找新鲜事。
公园中每片草地都有属于自己的秘密与收藏，
娇柔的花瓣、多彩的叶片，以及逗趣的果实，
更有那在枝叶光影间跳跃穿梭的可爱身影。
漫步其中，拾起只字片语，
在森林的拥抱中，倾听。

1

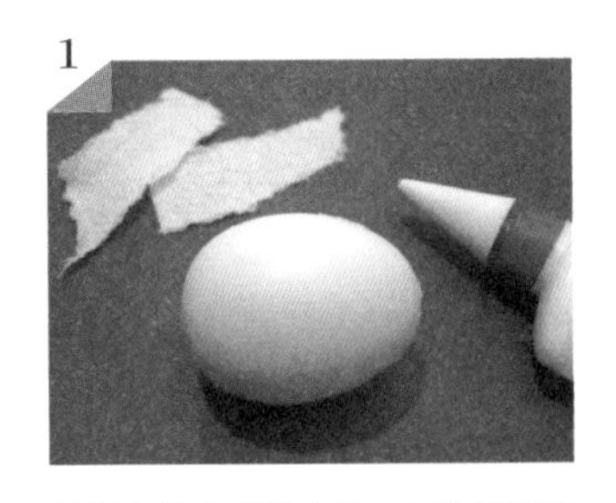

以厨房纸巾搭配白胶，包裹塑料蛋胚体。

2

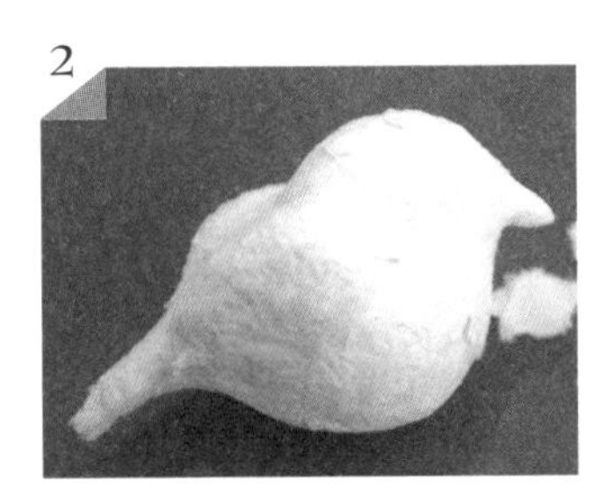

以堆栈方式，自身躯部分延展出鸟嘴和羽翼。

3

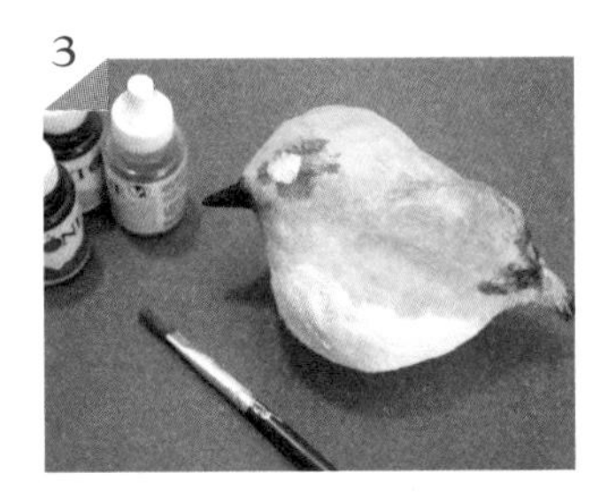

以彩色墨水渲染，呈现自然的羽绒层次感。

4

将倒地铃种子以万用黏土固定于双眼位置。

5

双眼表面覆上透明指甲油，呈现出生动的眼神。

6

搭配自然素材编织的鸟巢，可爱的鸟儿就完成了。

Handmade
Hands stationery
grocery
PARIS
10, 100, ... 84
ier un nombre décimal
un nombre entier 86
ier un nombre entier par
ombre décimal 88
ier un nombre décimal
un nombre décimal 90
La division
la division... 114 115 116
t entre la multiplication
division 118
133 135 139 141
Les fractions
Les fractions ordinaires
Comparaison avec l'unité 217
Prendre une fraction d'un nombre 218
Fraction et quotient 220
Une fraction qui ne change pas
de valeur 222
Simplifier les fractions 223
Réduction au même dénominateur 224
Addition et soustr. des fractions 226
Multiplication des fractions 228
M. Souhami

CARTE POSTALE

将旅行的元素及各类所得，还有好多好多满满的回忆，设计创作成让生活更美好的各种手作杂货，让它们不只是尘封在相簿或置物箱中，等待被开启的回忆，而是每日与你朝夕相处的动人小物。

Mini Sewing Case

迷你针线小书

针线小书 size 迷你，可以放进随身的笔袋，以应不时之需。迷你针线小书还有其他页面，可以再补充一些小用品喔！

How to make

1

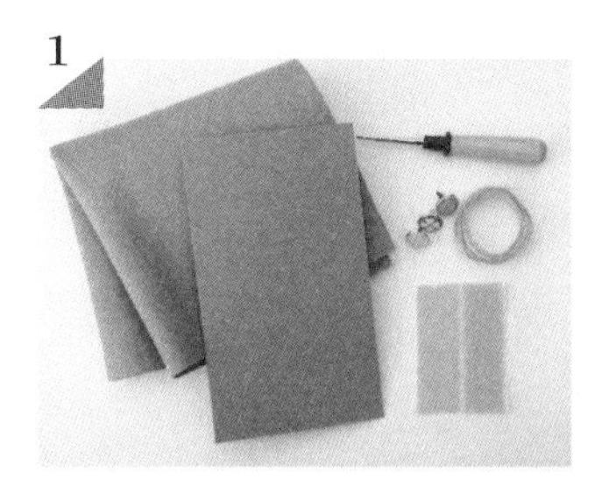

厚卡纸、不织布、针线、魔鬼毡、双脚钉、麻绳。

2

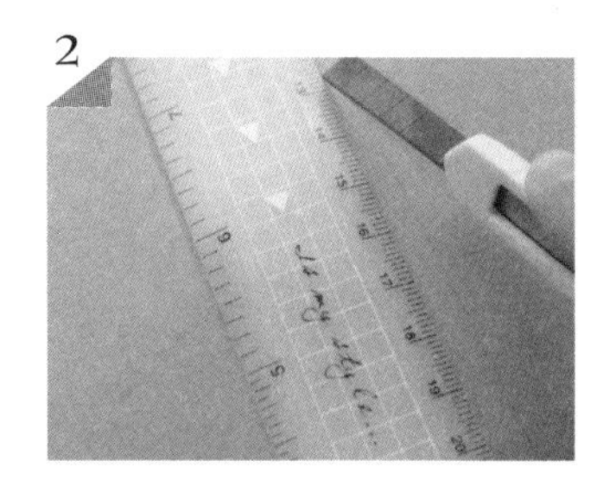

在裁切好的厚卡纸中央，用刀片轻轻划两道。

3

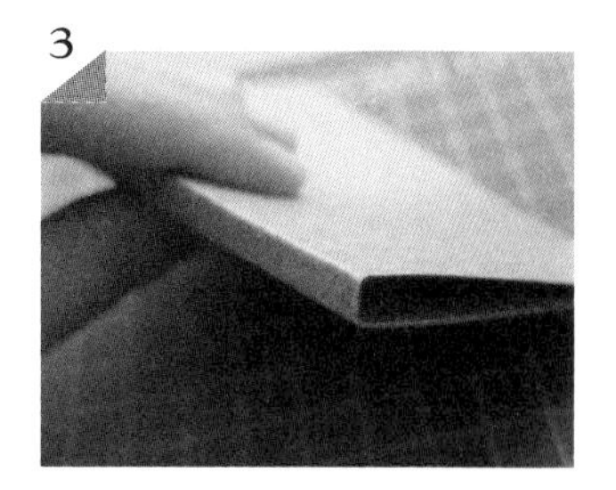

将厚卡纸往中间折合，即可做出小书的厚度。

4

剪两块比小书封面稍小的不织布做为内页。

5

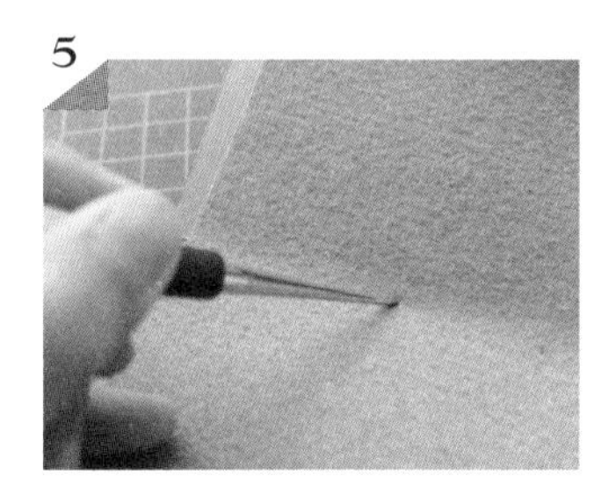

将内页与书封叠放在一起，在中间以锥子钻出三个小洞。

6

用麻绳来回穿过三个小洞，固定内页与书封。

7

以厚卡纸割出线轴的形状，绕上手缝线。

8

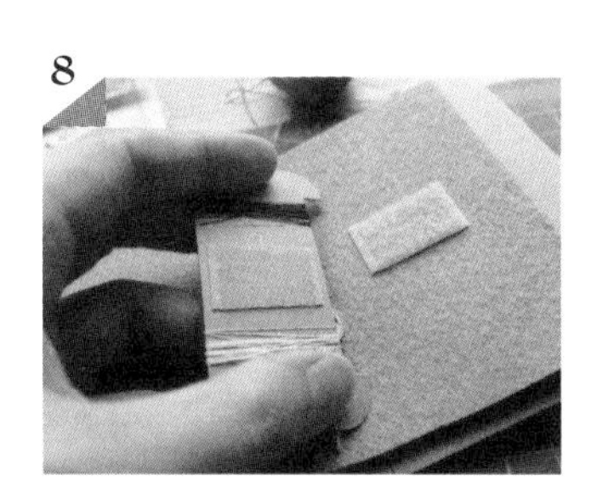

在线轴的背后及内页黏贴上魔鬼毡，以便拆卸使用。

9

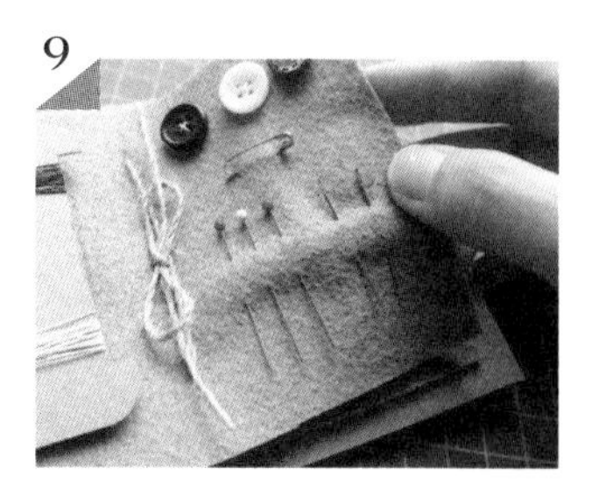

于内页的另一面，缝上扣子、别针、珠针等缝纫用品。

10

以印章装饰一下小书的封面。

11

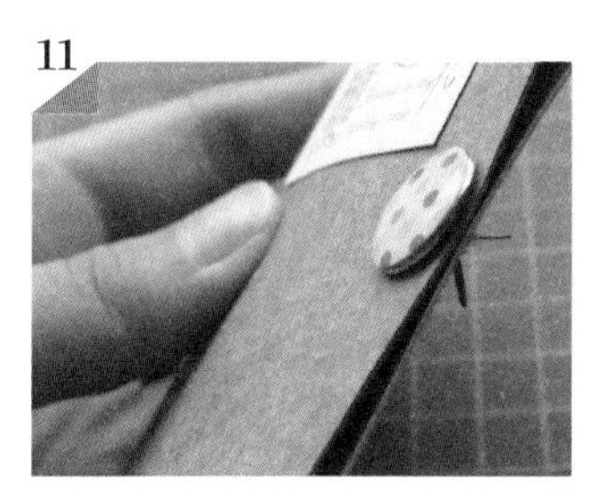

在书封开合处钻一个小洞，插入双脚钉即完成。

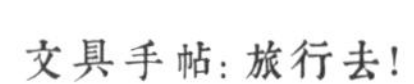

Travel Book Wrapper

旅志书套袋

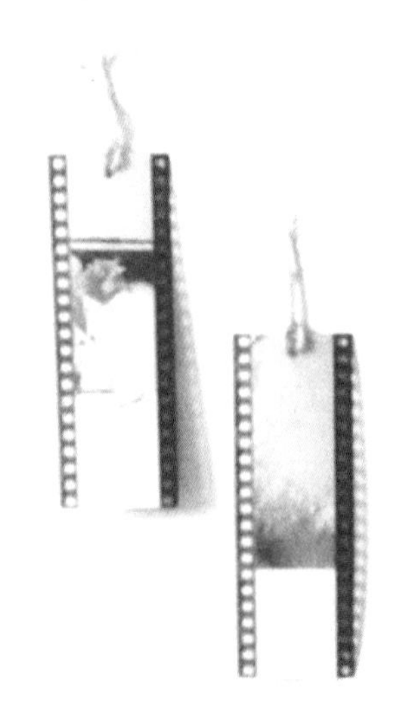

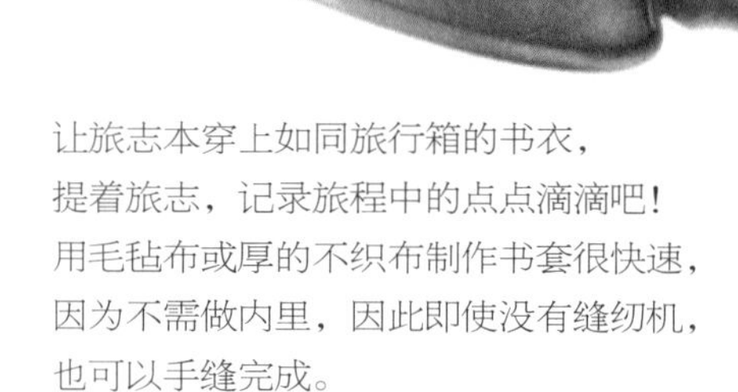

让旅志本穿上如同旅行箱的书衣，
提着旅志，记录旅程中的点点滴滴吧！
用毛毡布或厚的不织布制作书套很快速，
因为不需做内里，因此即使没有缝纫机，
也可以手缝完成。

How to make

1

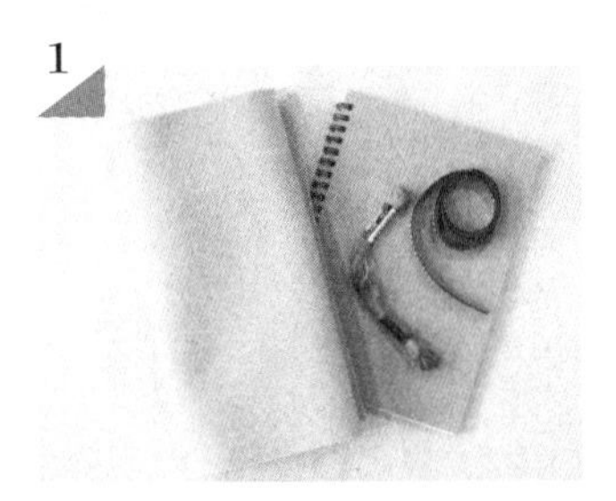

毛毡布、织带、绣线、旅志本。

2

先将毛毡布包裹本子，测量毛毡布所需的尺寸。

3

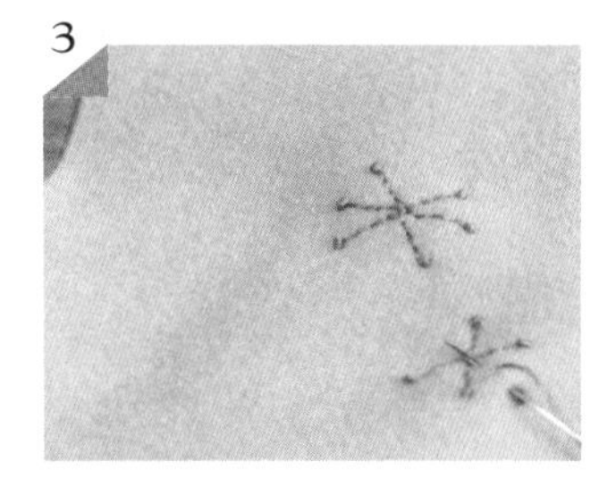

在毛毡布上以绣线绣上喜欢的小图。

4

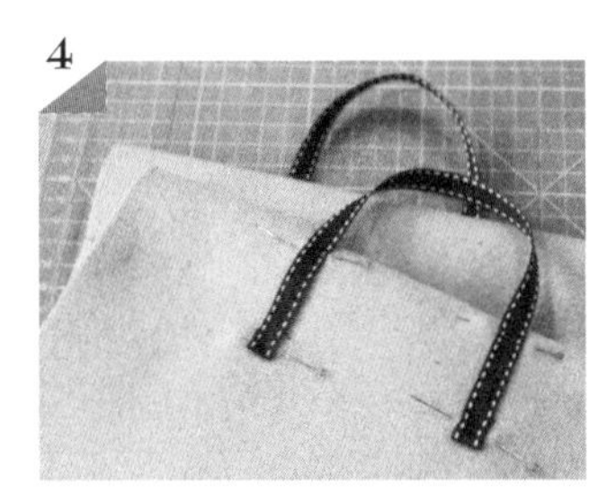

将织带以珠针固定在书套开口两侧。

5

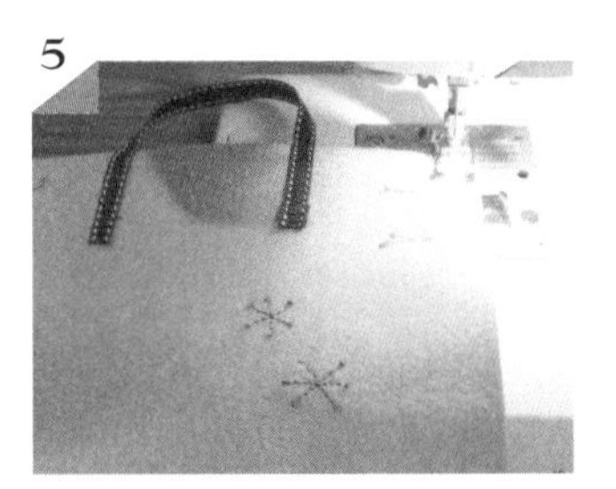

以同色系的车缝线，将织带车缝好，作为书套袋的提带。

6

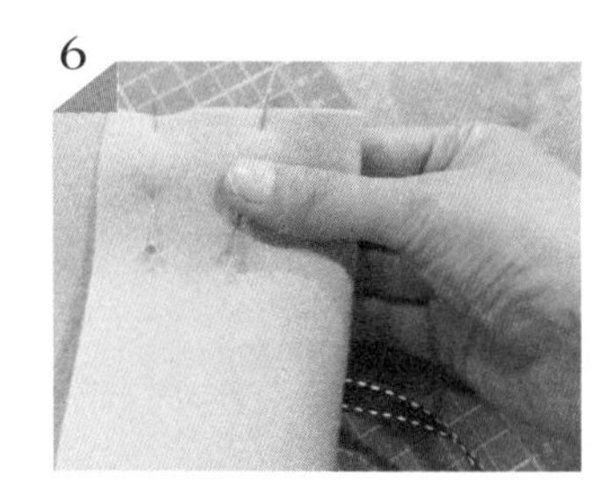

将书封的两侧向内包裹，并以珠针固定好。

7

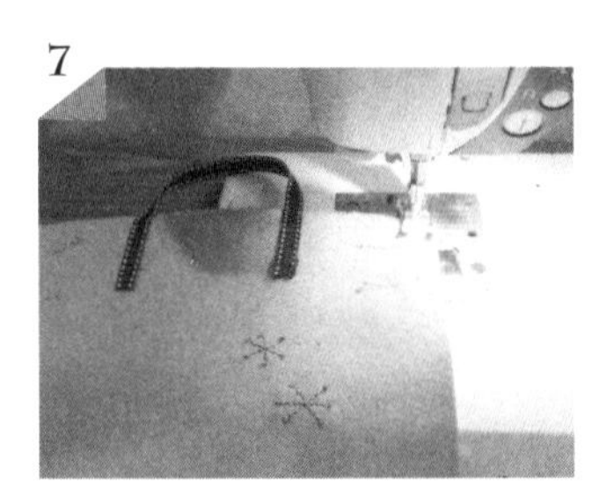

最后将书套袋的上下两边车缝好即完成。

Candy Magnets
糖果造型磁铁

旅行中收集的各式纸类做成了磁铁，
用来吸附明信片、照片，
回想着每次旅行的种种美好。

How to make 187

Roll Film Bookmarks

旅行回忆底片小卡

喜欢底片相机所拍摄的质感与氛围，
打印下来做成小卡，可以当做书签，
时时都能记起旅程中美好的回忆。

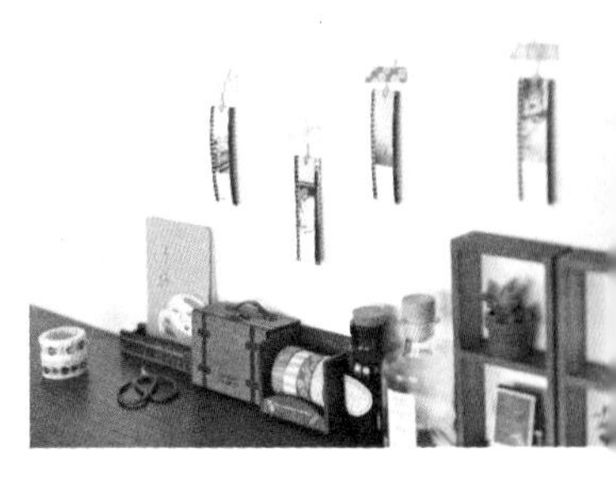

How to make 186

Souvenir Painting

旅行标本挂书

每次收到友人送的旅行伴手礼，
都会在内心想着：“原来我在他心目中是这个颜色、这个风格啊。”
摊开朋友们从泰国回来带给我的礼物，不禁笑了出来，好粉红色啊！
决定把它们像标本一样固定在画布上，
戒指与钥匙圈还会使用，所以用小木夹固定，还能方便拿取。
就用荧光粉红色和草绿色当我的主色调吧！

How to make 192

How to make 184

Kyoto Collage Box

拼贴京都盒子

把喜爱的旅行收集品都收到一个盒子里吧！
盒子封面拼贴出旅行的回忆，
变成独一无二的收纳盒。

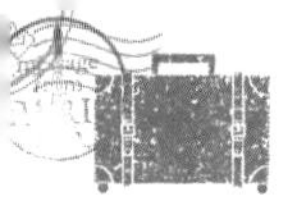

Receipt Holder

DM 的收据收纳

哎呀！连旅行的收据都舍不得丢呢。
刚好发现其中一张 DM 的折页方式可以当个小收纳袋，
于是就快速地把它整理起来，虽然上面的日文还是看不懂，
但是尽量用不破坏画面的方式去做，
变成一个可以打开的收纳文件夹也很不赖呢。

How to make 182

WORK 08

Flowers & Leaves Letterform

花草信纸轻松做

只要用素色的基本信纸，
搭配几款花草样式的手工贴卡和蕾丝纸缎带，
就能完成美丽的花草信纸，
连看起来很复杂的花圈图案，都可以轻松制作。
准备好自己设计的信纸，
连同旅行时捡到的落叶和想念的心情，
都一起寄出去吧！
信封或卡片也可以用喔！

How to make 183

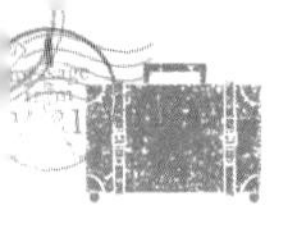

WORK 09

Romantic Assorting Box

浪漫女孩的牛皮纸收纳盒

素色的牛皮纸收纳盒简单耐看，但是好像少了一点个人特色……
打开小时候的集邮簿，惊喜地发现几张带有欧洲古典味道的邮票，
搭配字母印章、纸蕾丝、动物图案的织带等，
剪剪贴贴之后，外盒就呈现了浪漫的女孩风格。
把旅行时舍不得丢弃的好看 DM、地图、旅馆数据都放进去吧！

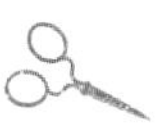

How to make

1

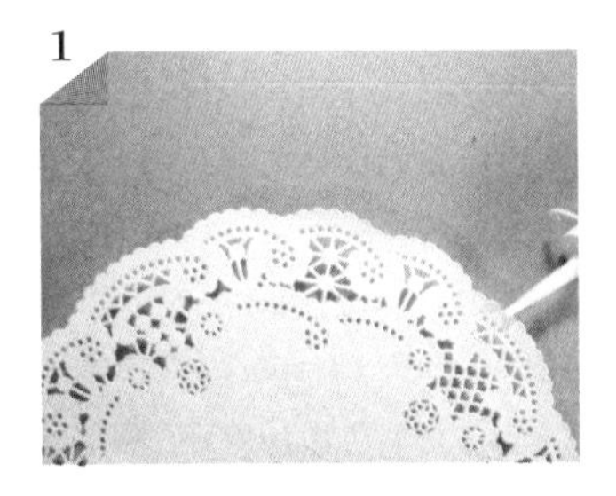

纸蕾丝对折，折线贴齐牛皮纸盒的盖子边缘，用白胶黏牢。

2

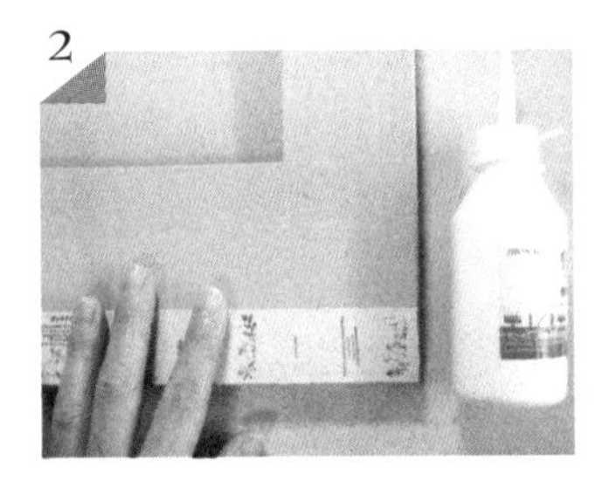

把动物图案的织带剪下一段，沿着牛皮纸盒的盒身，涂上白胶固定。

3

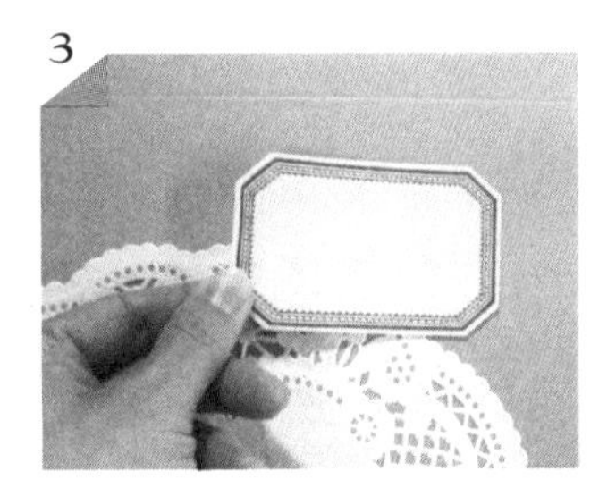

取出一张标签贴纸，黏在牛皮纸盒的右上角。

4

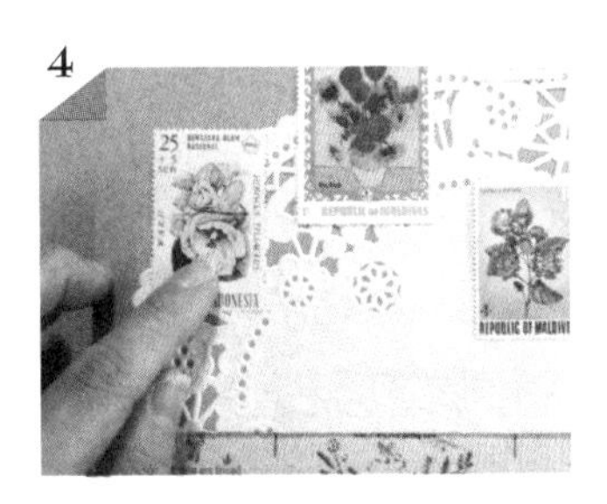

把几张邮票排在盒盖上，确定位置的分配之后，再一一黏好。

5

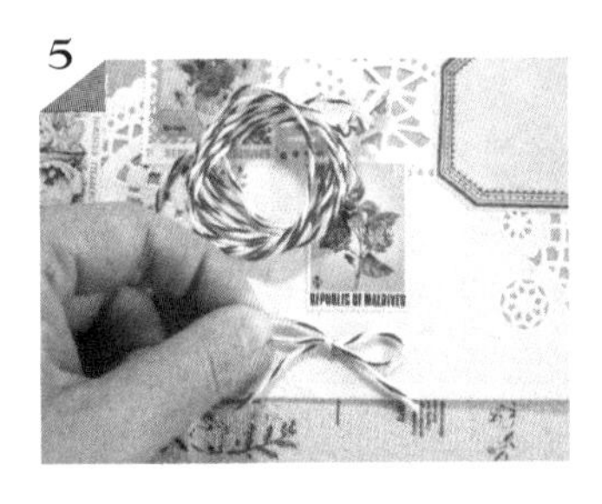

用红白相间的棉线在线打一个小蝴蝶结，在中间的位置用白胶固定。

6

拿出字母印章，大写和小写可以交错使用，可拼出喜欢的单字、句子或旅行的地名。

7

最后用细字签字笔在标签贴纸上写下旅行的目的、时间，贴上纸胶带装饰，完成。

WORK 10

My Beautiful Little Box

装小物的方盒也漂亮

旅行的时候，也会需要带着各种文具、材料等小物，
零零散散的不知该怎么整理好？
用个小方盒收纳，整齐又不占过大的面积，
看着平常收集的心爱素材，
忍不住又将原本朴素的纸盒打扮一番。

How to make 186

WORK 11

Travel Tumbler
旅行随行杯

“这张邮票来自立陶宛。”
“那张是朋友从挪威寄来的邮票喔。”
世界太大、人生太短，在有限的生命里，
可以亲自拜访的地方也是有限的。
那么，就让邮票替我们完成环游世界的梦想吧！
收集来自各国的二手邮票，贴在每天都会使用的随行杯上。
别忘了，生命中的每一天，都是一场值得期待的旅程。

1

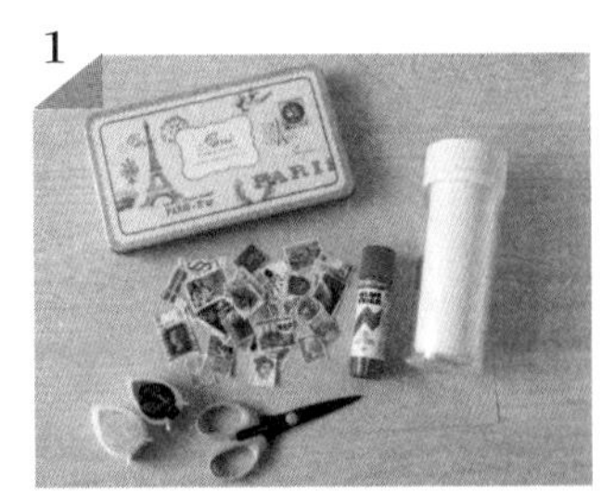

准备：可以替换纸张的随行杯、二手邮票、胶棒、牛皮纸、印章、印泥。

2

剪下适当大小的牛皮纸张，贴上二手邮票，再盖上邮戳或邮票造型的印章，点缀画面。

3

再把牛皮纸放入随行杯里面，完成。

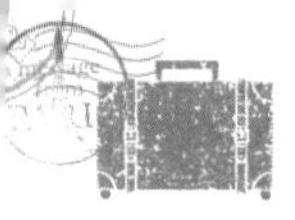

WORK 12

Simplicity Flower Mural

简单中的美好——花器壁饰

简单却不失温度的色调，质朴又不乏细腻的质感，
平淡中，“品墨良行”有着满满的温馨与幸福。
经历数度的擦身而过，总算相遇在某个夏日午后，
庭院角落的木制雪橇，在阳光下显得有些慵懒。
简洁又贴近生活的摆设，简单、平凡却让人为之着迷，
许多时刻，就这么沉浸在浓厚的生活感中。
简单的设计构成了生活，生活由简单的设计延伸。
原来，这就是生活。

How to make 189

Whale Flower Container

鲸鱼的小花园——花器摆饰

喜欢那穿梭在小小巷弄间的探险感，
用自在的步伐，享受漫步时的每一分光景。
跟着灵巧的猫儿，来到小小的庭院，
庭院角落，留有猫儿匆匆的背影。
“自然结果”中舒服温暖的氛围，
让人仿佛有种回到家的安定感。
与温暖的作品和香浓手工果酱的不期而遇，
为这段小小的冒险之旅留下甜美的回忆。

How to make 190

WORK 14

Design by 杂粮面包

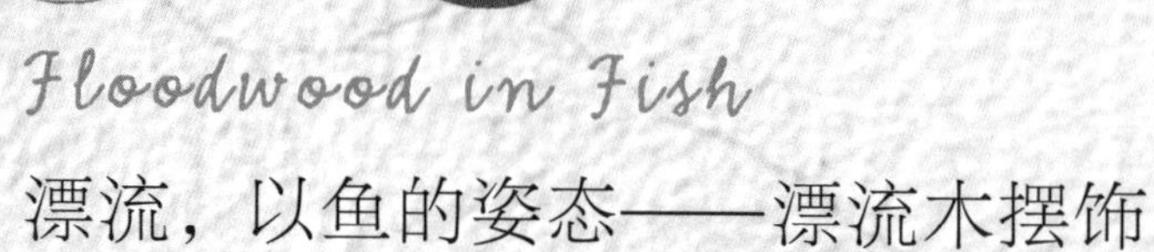

漂流，以鱼的姿态——漂流木摆饰

在南北杂货中寻觅，在老街中寻觅，古老红砖建筑中，
一个宁静的角落，放任思绪悬浮在错落的光影间。
质朴的自然素材，以生动的姿态，
述说着人与人间的情感和生命中的感动。
透过《在往前的路上》个展，发现一种新的视野，
一个有些陌生却又熟悉的世界，学习，用自然的素材和方式，创作与生活。

How to make 188

How to make 190

Blossom from the Floodwood

自腐朽中绽放——漂流木摆饰

已经习惯这样的陪伴，一个以“蝉”为名的乐团；
已经戒不掉的习惯，一张以《散落的时光》为名的专辑。
有时生活就是这么简单，
简单到只要呼吸、音乐和创作。
在悠扬空灵的音乐中飘浮、沉淀，
感受和缓的情绪、深邃的回忆与纤细的情感，
喜欢这样的纯粹，喜欢在这样的纯粹中旅行，
而旅行间的光景，则是每一刻的自己。

Color Paper Collage Notebook

色纸拼贴笔记本封面

市面上的笔记本琳琅满目，
要如何拥有一本专属自己的独特笔记本呢？
不如自己动手改造吧！旅行时发现的文具小铺，
用便宜的价格买到一包店家收集切碎的色纸余料包，
里面有各种颜色、不同质感的纸张，这时就派上用场啰！
能够自由地依照自己的喜好、个性去组合，
下次剪剩的色纸、材料，记得好好保管喔！

How to make 187

Travel Clock
旅行时钟

生活中充满太多磨人的琐事了，
每个人都需要一个好的时钟，
因为它可以随时提醒你：时光不断流逝，
不要忘记内心最渴望的事物是什么。
将搜藏已久的旅行风贴纸拿出来，
制作成充满旅行味道的时钟吧！
时间一分一秒地前进，关于旅行的梦，
也正一步一步地往前走。

1

准备时钟机芯、圆形木板、印泥、数字印章、旅行风贴纸。

2

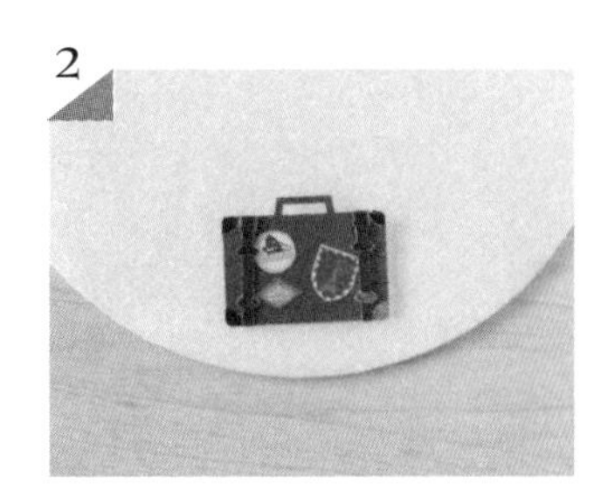

先将圆形木板涂出成淡绿色，再贴上贴纸。

3

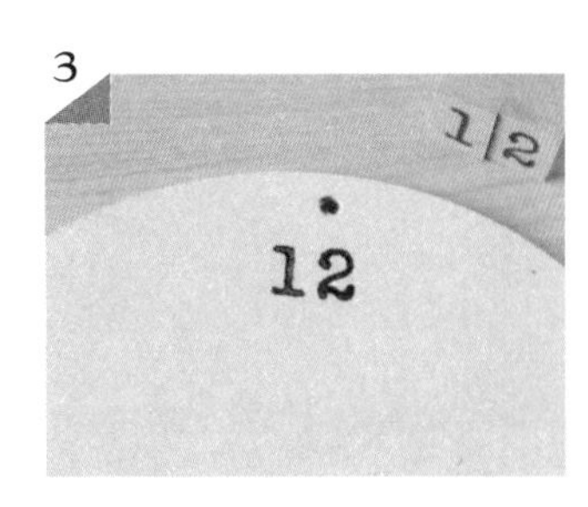

有些数字可以用印章、数字贴纸来代替。

4

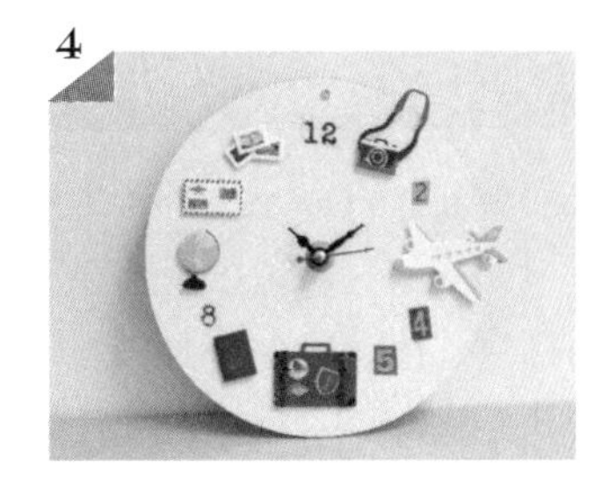

完成。

CHOCO CRISPY
Hands stationery
grocery
Les fractions
Les fractions ordinaires
Comparaison avec l'unité
Prendre une fraction d'un nombre 218
Fraction et quotient 220
Une fraction qui ne change pas de valeur 222
Simplifier les fractions 223
Réduction au même dénominateur 224
Addition et soustr. des fractions 226
La division

chapter 05 刻出好情绪

CARTE POSTALE

旅行途中还是要带着自己喜欢的小物，让手作和文具成为好朋友一起去旅行。带着自己做的一些可爱的印章文具，让我每次在陌生的国度，一点也不会感到害怕。空闲时拿出手帐盖盖章、拿出本子画些小图、拿出橡皮擦刻刻刻，让旅途中增添了很手感的气息。

~~41, Rue de~~
21, Rue de PARIS (8ᵉ)

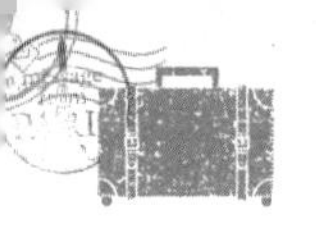

WORK 01

Gift Card for You

送你一个礼物感谢卡

旅行途中充满着感谢，让人能放心地一直走下去。
感谢民宿老板娘的热情款待、感谢可爱的路人好心指路、
感谢拿着气球的小男孩那个甜甜笑容，
还有，那卖好吃面包的老爷爷，
亲手做一张小小的感谢卡，
希望这份温度也能传递到你的心里。

How to make

1

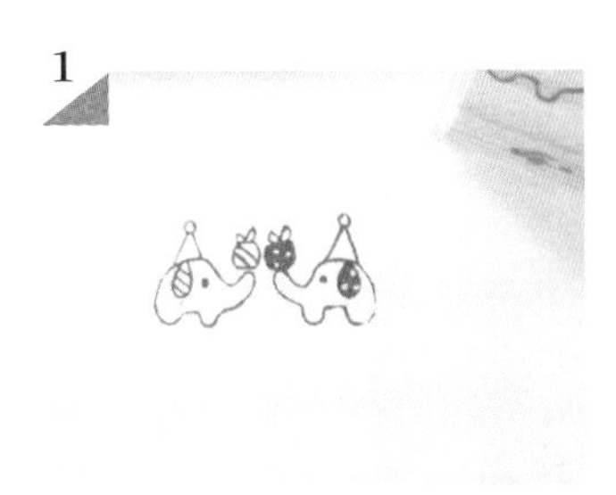

先准备纸张数种、色铅笔、纸胶带、双面胶、美工刀等材料。将图案盖在纸卡上。

2

用喜欢的媒材上色。

3

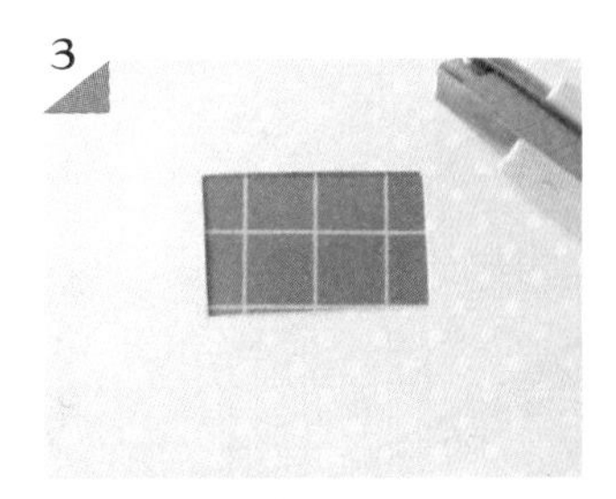

将蓝底白点纸中间割出 2cm × 3cm 的长方形。

4

把白色纸卡四周贴上双面胶，和蓝底白点纸黏合

5

背面也黏上自己喜欢的纸张。

6

再用纸胶带和色铅笔小加工，就完成啦！

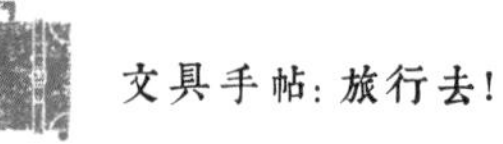

My Kitchenware
餐具包装

去野餐吧！
用可爱的包装把食物餐具通通包起来，
食物们看起来更好吃，野餐时光更加愉快！

How to make 191

Travel Stamps

旅行记录章

旅行中的记录，
可以盖在本子上，
也可以盖在明信片上寄给朋友，
分享旅行的点点滴滴。

How to make 178

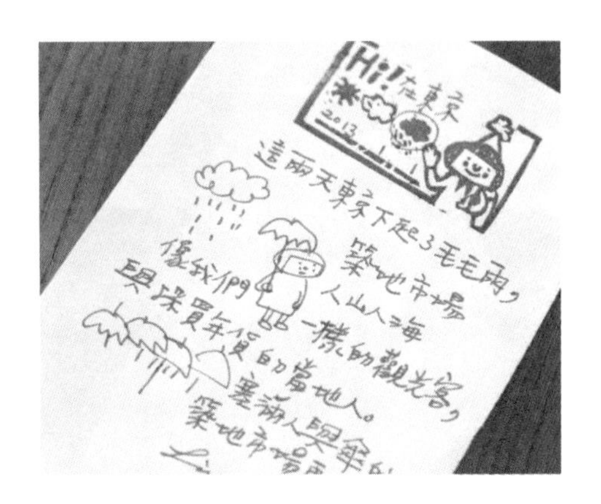

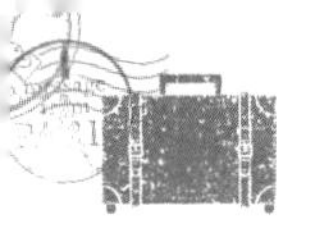

WORK 04

Design by 大宇人

Camera Chain Strap

相机吊绳

把相机装上吊绳，
让旅途中的影像随时留下吧！
当成吊饰也很合适。

How to make 189

Cottage Assorting Bag

小房子收纳袋

车票、名片，旅行途中的小纸条们，
让它们住进温暖的小房子，
跟着我的笔记本一起安心出门散步去。

How to make 188

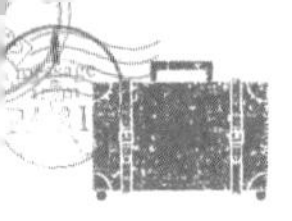

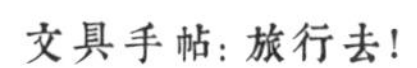

WORK 06

Design by 洋洋

Little Bird Bookmark

点心鸟小书签

刚出炉的点心鸟，一只一只的走上前，咕咕吱吱说着点心有多好吃的秘密，
笔记本上总是记录了这些和那些，让几只可爱的点心鸟来为你服务，
一下子就可以轻松地找到想要找的那一页。

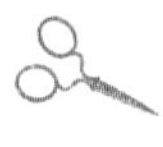

How to make

1

先准备牙签、纸卡、双面胶、剪刀、色铅笔等材料。再将图案盖印在纸卡上，并沿着图案剪下长方形。

2

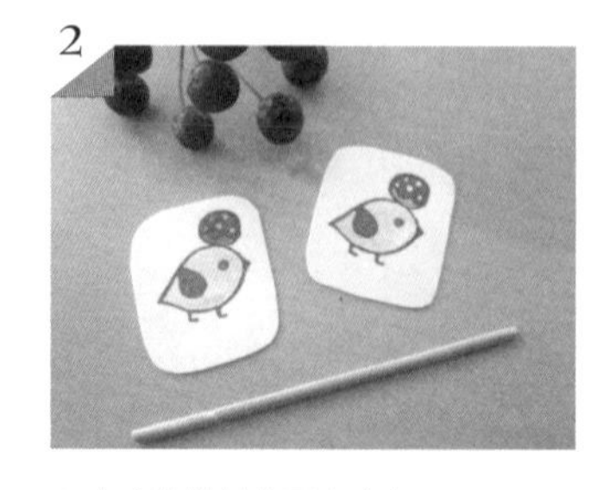

用喜欢的媒材将图案上色。

3

先将两面纸卡都黏上双面胶。再把牙签的尖端剪掉，放入纸卡中间后即完成。

How to make 163

WORK 07

Tapir Date Stamp
马来貘和花日期章

马来貘起了个大早，咚咚咚地出门去，原来，今天他和花儿小姐有约，
约好了一起吃顿早餐，这样美好的日子一定要记录下来，
打开手帐，拿出最喜欢的笔，那，就从今天几月几号开始写吧！

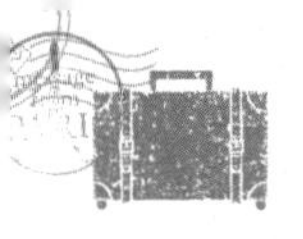

How to make

1

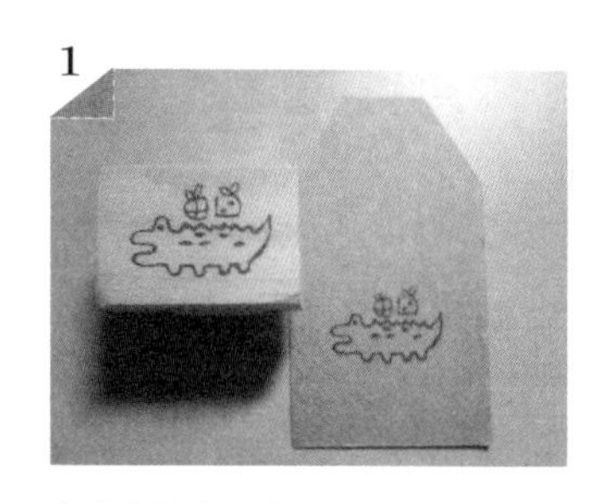

先准备针线、牛皮纸、麻绳、打洞器、纸胶带等材料。再将牛皮纸剪成想要的吊卡形状，盖上印章。

2

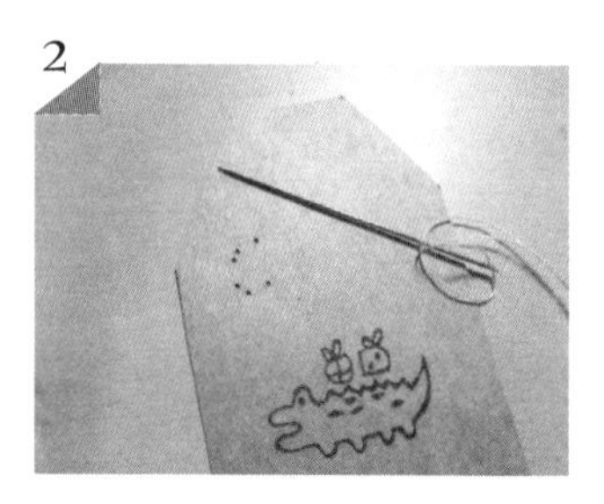

写下要送给朋友的名字。先用针将洞穿好，再用平针缝绣上字母。

3

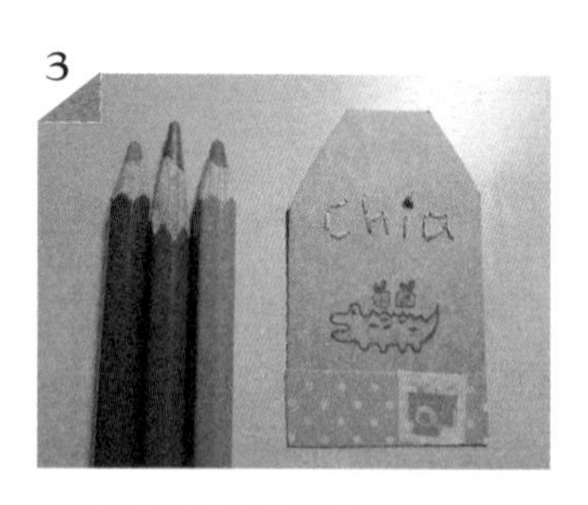

用纸胶带跟色铅笔装饰。

4

打洞之后，穿过麻绳就完成了。

WORK 08

Crocodile Tag
鳄鱼送礼小吊卡

旅行途中，看到了好适合你的小物，
买回来的礼物，想要细心包装好送给你，
在吊卡上绣上你的名字，
希望这份暖暖的心意可以传到你的心底。

WORK 09

Calf Stickers
小象朋友分隔页

有时候想要写点字，有时候想要画画图，有时候还想要贴一点照片，大象先生自告奋勇地来帮忙，帮我们将页和页之间分得刚刚好。

How to make

1

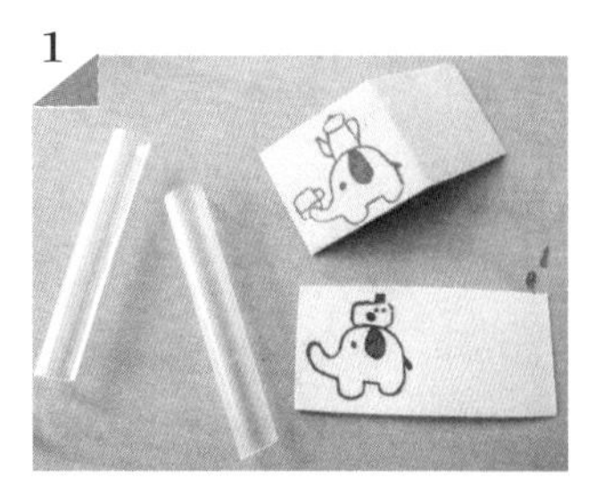

先准备吸管、纸胶带、剪刀、纸张数种。再将图案盖在有厚度的纸张上，并准备好 3cm 的吸管。

2

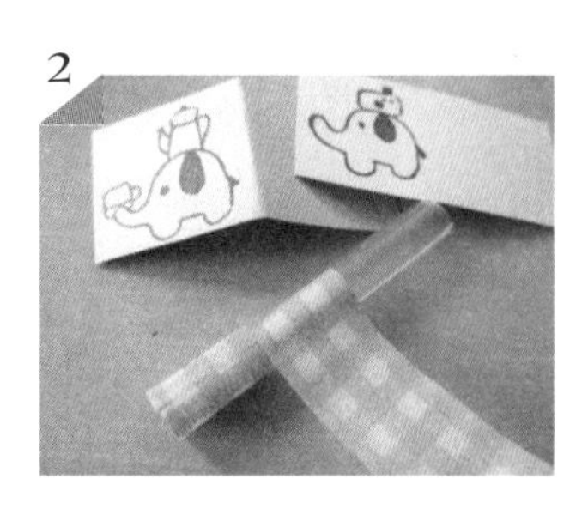

将吸管分段缠上纸胶带。

3

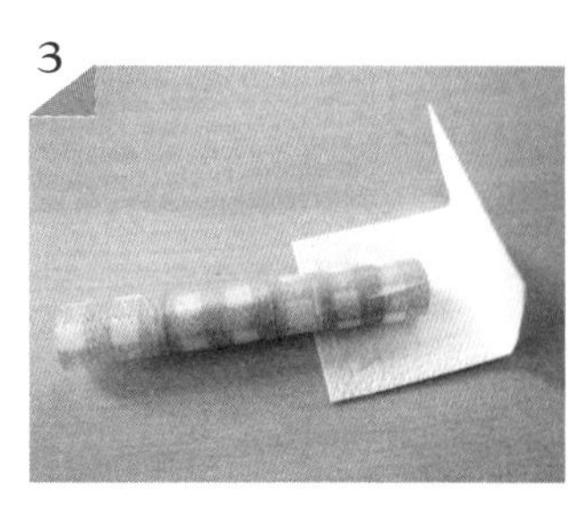

纸卡对折后，翻开黏上双面胶，并放入吸管黏合。

4

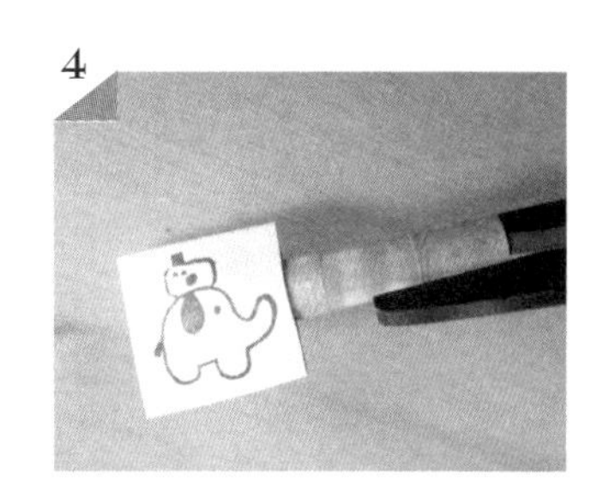

用剪刀把吸管的两边各剪一道，刚好碰到纸卡的地方。如此即完成！

WORK 10

Squirrel Stamps

日常生活手帐章

Design by 洋洋

记得要买胡萝卜、马铃薯，明天会下雨要记得带伞，
约了要一起去喝下午茶吧？
这么多生活的事情通通都变成手帐里的印章吧！

How to make

1

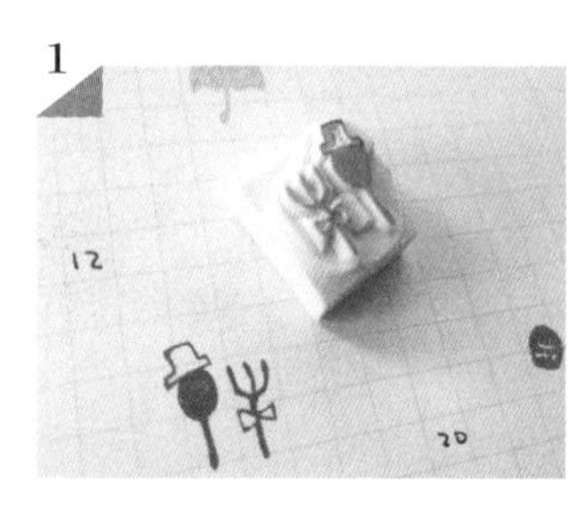

先准备橡皮擦、笔刀、描图纸、手先帐等材料。再将喜欢的图案盖在手帐上。

2

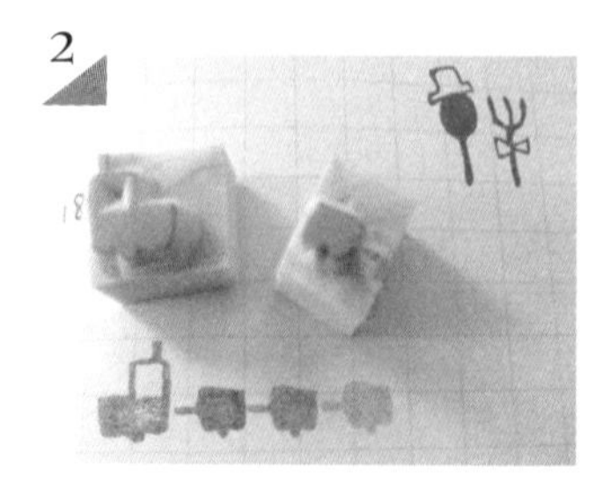

可以运用连续图案不同颜色的方式排列。

3

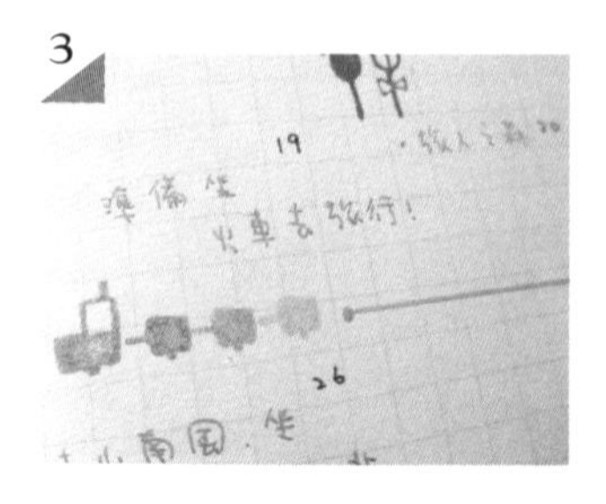

再写上要记得的事或是安排，就会变成你专属的手帐图案啦！

How to make

Small House Calendar

松鼠邮票章

出门旅行的时候，一定会买一张明信片给自己，
喜欢写明信片给自己，喜欢收到自己写的明信片，
收集着明信片上的邮戳和邮票，
都是旅行中美好的回忆。

1

先准备牛皮贴纸、印台、剪刀等材料，将印章盖在牛皮贴纸上。

2

一个个剪下来。

3

可以贴在明信片上、手帐里，或是当作礼物包装的贴纸。

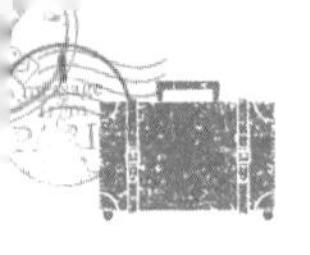

Small House Calendar

小房子月历卡

去旅行的时候，遇见了好多心仪的小房子，
将它们一栋一栋的留在我的小卡上，
带着它们开启我的另一段旅行。

1

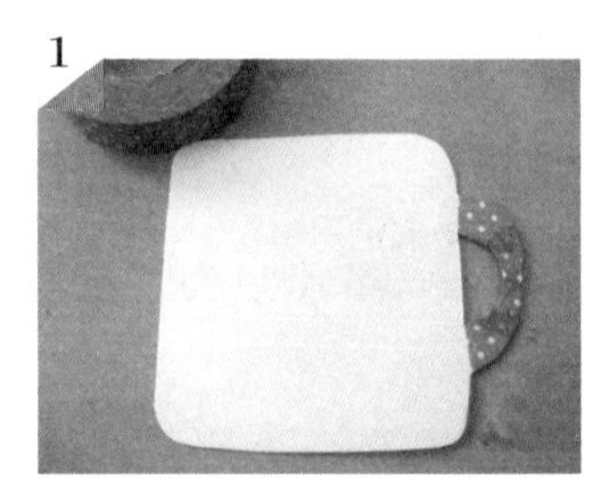

先准备纸卡、油性印台、剪刀等材料。选厚一点的纸卡或是自己喜欢的纸，剪出自己喜欢的图案。

2

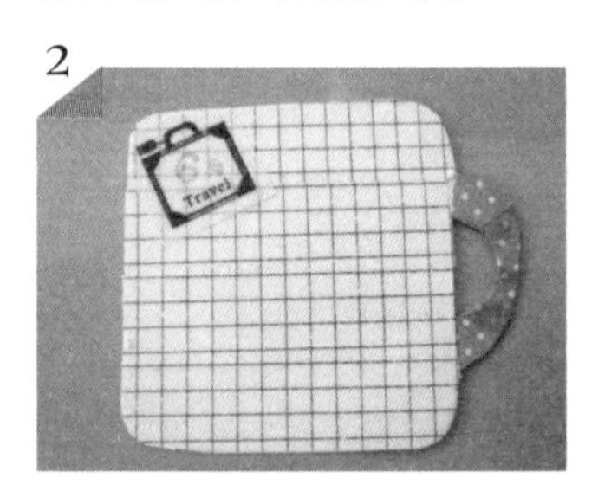

用纸胶带先黏出底色。

3

用细字的签字笔，写上日期和月份。

4

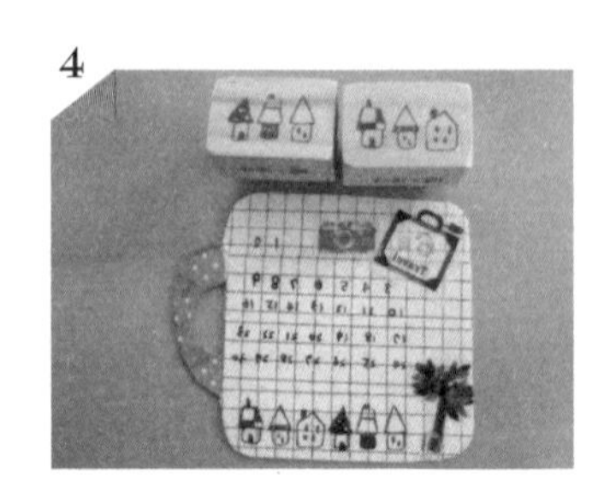

再用油性印台盖上小房子的章，就可以夹在笔记本里随身带在身上了。

WORK 13

Tapir Luggage Tag

马来貘行李卡

一起去旅行吧!
马来貘小姐有天这样说着。
收拾好行李，将你们挂上我的行李包包，
那就现在出发吧!

How to make

1

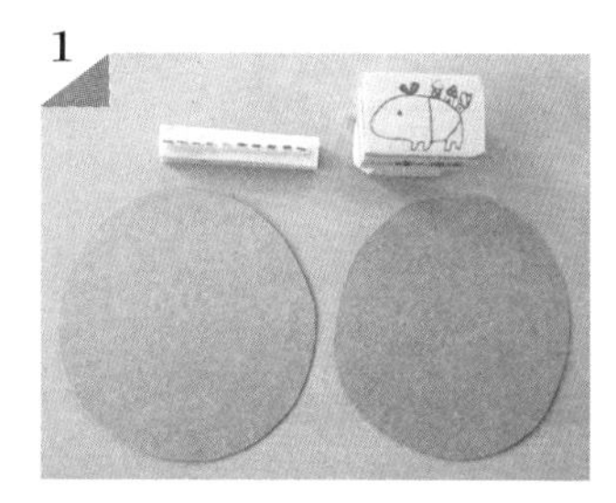

先剪出想要的形状，选厚一点的纸比较适合。

2

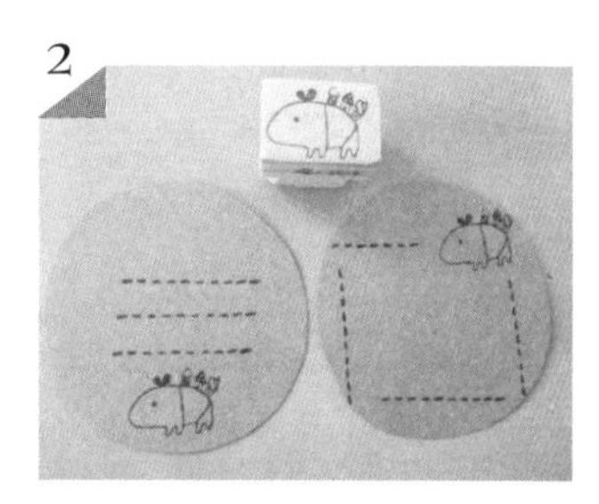

先盖上马来貘的章和线条章，再将两种章做不一样的组合。

3

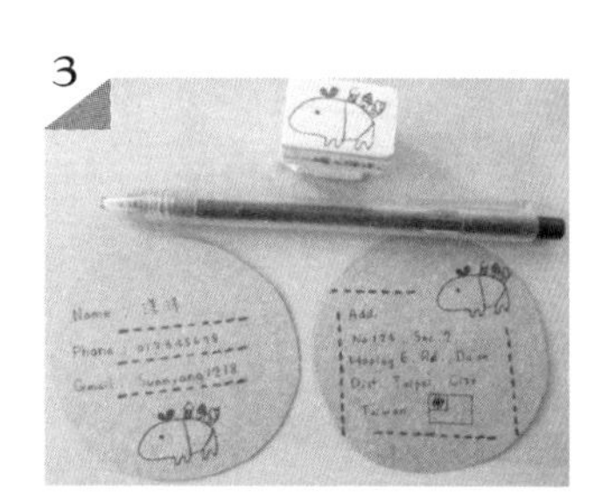

写上所需要的材料。

4

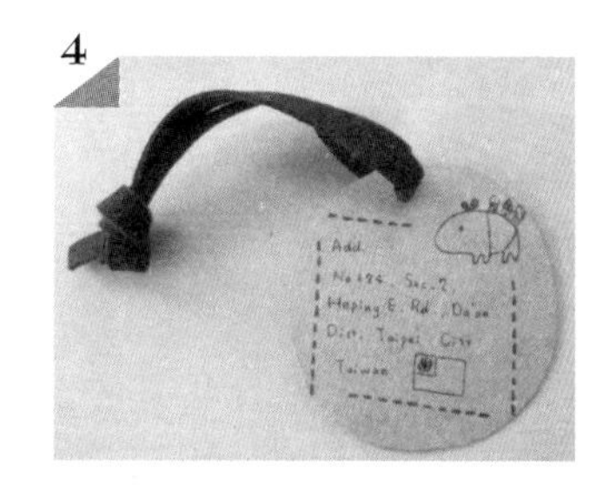

打洞穿线之后就可以挂在自己的行李上了！但要记得先塑封喔，照片中的作品还未塑封。

最爱文具选

Stationery Collection

窥探文具偏执狂的珍藏好物

八位作者将他们历来收藏的最好用的、最心爱、最经典的文具好物，分享给所有读者，让大家得以一窥他们的败家所得。

FOR EVERY SURFACE
SOLVENT INK PAD
StāzOn
Forest Green

MIND WAVE INC.
Favorite seal
My favorite stationeries were chosen for you.
56 pieces

Envelope
TEMPLATE
pochi bag

Stationery Collection

杂粮面包喜爱的文具收藏品

1. 将想说的话隐藏在点与点之间，捉迷藏般地连连看。
2. 视觉暂留的小小魔法，指尖轻滑下的夏日凉风。
3. 简单纯粹的，小人物画下的小世界。
4. 多年前与 Olivier 相遇在台北街角行军椅的小画摊。
5. 旅行的记忆，缤纷胶卷的戏剧性述说。
6. 隐藏在书页间，关于新西兰的羊群与回忆。
7. 轻柔地，靠近。
8. 飞翔的梦境。
9. 温暖的线条与色调，所交织出的梦幻与真实。
10. 关于梦想，即使双脚着地，依然可见飞翔的样子。

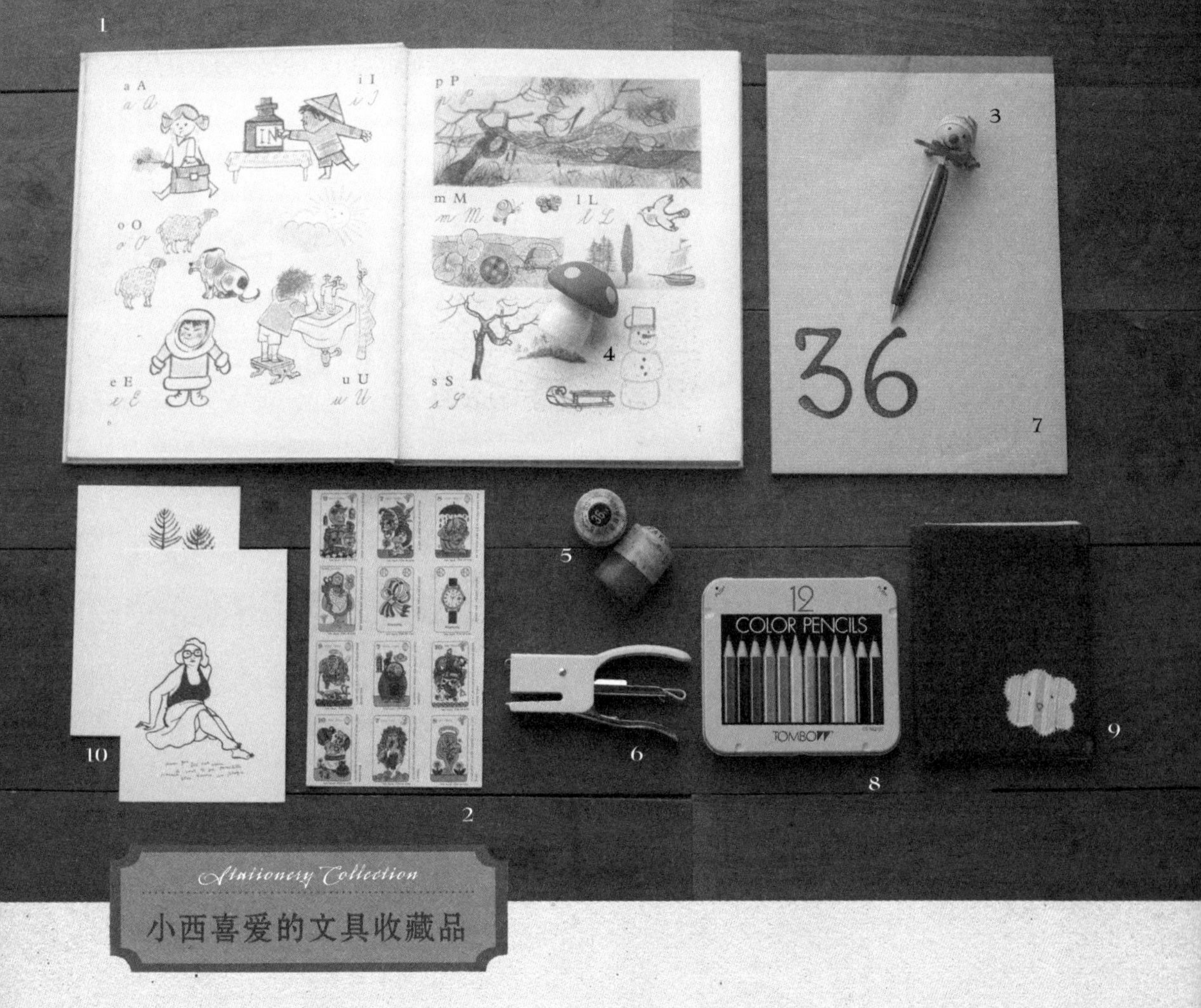

Stationery Collection

小西喜爱的文具收藏品

1. 捷克绘本：在旅行时，在二手书店找到当地教小朋友学字的绘本，虽然看不懂，但里头的插图很可爱，又有小朋友书写过的痕迹，很有趣。

2. 火柴盒纸样：原以为是邮票，后来询问才知是要黏贴在火柴盒上的，有寓言的童话风，也是在捷克的二手书店购得的。

3. 小丑笔：在捷克的市集小贩那里买的，因为捷克木偶戏很著名，无法买一大个木偶，就买只可爱的小丑笔纪念，如今虽不能写了，但仍很喜欢它逗趣的模样。

4. 蘑菇削铅笔器：使用色铅笔常常需削笔，蘑菇造型很好施力，即便不使用，红色的蘑菇摆在书桌上也是一个可爱的装饰。

5. 早期的铁制底片罐：朋友送的底片罐，非常复古，也可以用来装些零散的图钉、回形针等文具小物。

6. BONOX 订书机：在日本杂志上常常看到这个像是动物造型的订书机，很喜欢，后来到东京玩时就很想买一个。

7. 36 sublo 的信纸：并非在吉祥寺的本店购得，而是在京都惠文社一乘寺店买的。一看到就喜欢这纸质，也不知这是什么纸，书写有点薄，但拿来包装很好看。

8. 蜻蜓牌色铅笔：小盒装的是特别买来旅行时画旅志或旅行明信片的，携带很方便。

9. 护照套：这是我初次尝试布作的第一项作品，开始自助旅行后，就一直使用着自己做的护照套。

10. 明信片：平泽摩里子是我非常喜欢的一位日本插画家，无论哪个时期的画风都很有韵味，这是她来台湾开个展时的明信片。

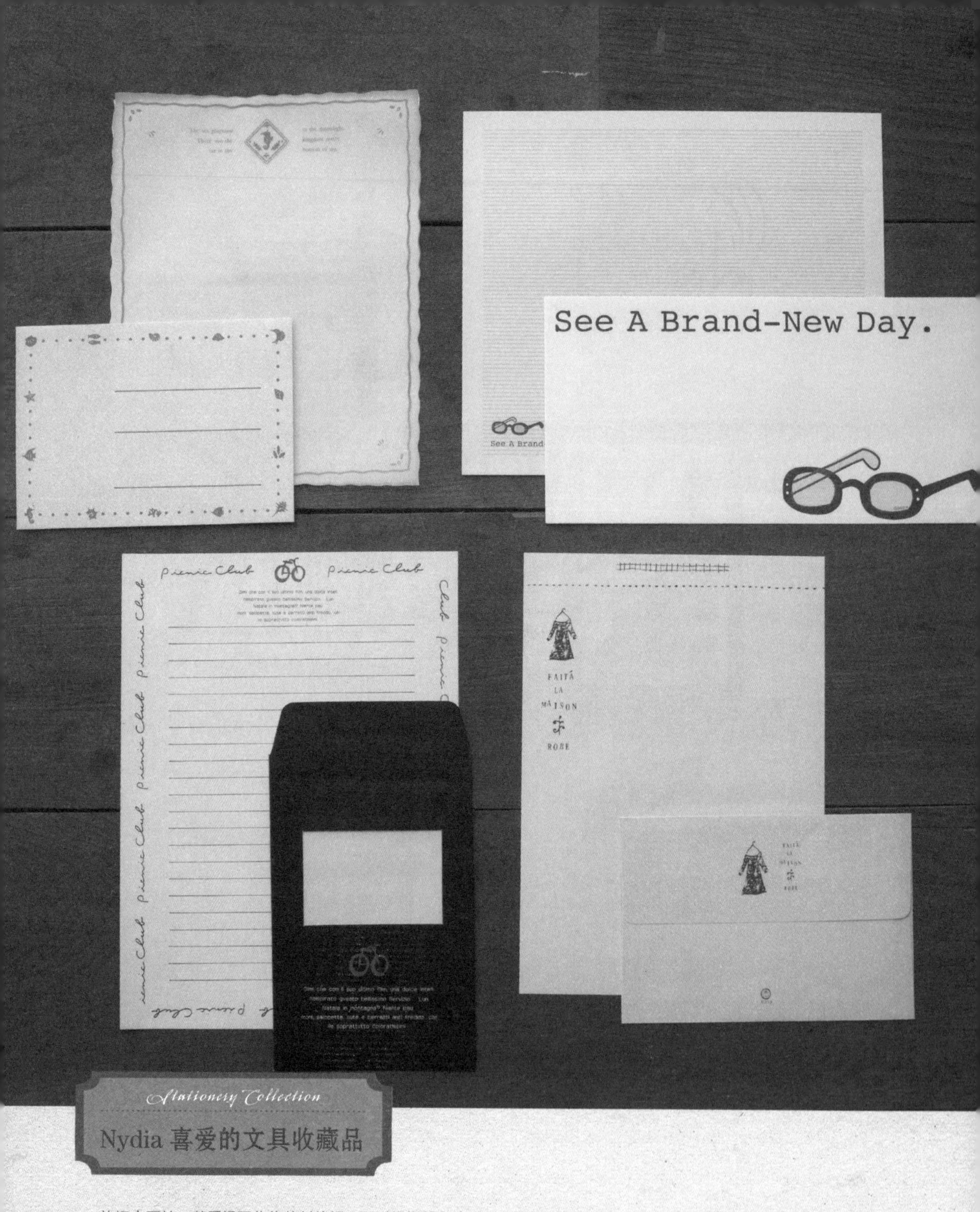

Stationery Collection

Nydia 喜爱的文具收藏品

从初中开始，就爱极了收集信封信纸，那时候觉得日本进口的信纸组都好稀奇、好漂亮，挤在小小的舶来品店的玻璃柜前，翻着一套一套的信纸，零用钱都花在那上面了。我喜爱手绘涂鸦风格的信纸，或是特殊纸型（像古代卷轴那么长的、咖啡杯盘造型的……），后来也喜欢素雅的设计，只有简单的压纹或一个生活对象的图像。买回来的信笺会先小心翼翼地取出一套收到我的收集本里（有时还包含附赠的小贴纸），其他的就拿来尽情地使用。买来的信纸当然一定要写信给朋友！千万不要舍不得用。一定要完成这个“欣赏→收藏→书写→分享”的流程，才对得起这美丽的信纸，这是我对于收集信纸任性的规定。

Stationery Collection

暖洋洋喜爱的文具收藏品

1. 包装纸与铁盒
   有天回家时发现书桌上的礼物，是母亲带回来的巧克力，虽然不是第一眼就心动，但却是最喜欢的小物之一。

2. 插画明信片们
   手绘的感觉，是很喜欢收藏的风格之一，比起书或是画册，更喜欢大小刚刚好的明信片，把它们一张张地贴在墙上，让生活的角落也散落着一点一滴的美好。

3. 商品文宣
   遇到好看的 DM 时，都会默默地收藏起来，像是发现宝物那样“默默”，说不上来要收藏的原因，或许只是很简单很简单地对“纸”的着迷，当看对眼了，就带回家好好珍藏。

4. 电影明信片
   书、绘本和电影，是生活中最喜欢的调和剂，将喜欢的电影票根收在手帐里，将喜欢的明信片放在纸盒里，每次拿出来整理时，都会觉得因为这些足迹让我感到自己的日子原来如此的丰富。

5. 水玉纸胶带
   很喜欢圆点的图案，圆的小巧、圆的可爱，让小物们都有了使人快乐的小力量。收集的纸胶带中，最多的就是圆点图案了。放在书桌上不时地用一下，让人拥有了许多好心情。

6. 奈良美智——明信片小书
   奈良美智笔下的小女孩，总有一份说不出的真挚，我最喜欢她的眼里，闪烁着希望的眼神。希望有天可以亲自拜访奈良美智的画作，而在那之前拥有这本小书，是很满足的事情。

Stationery Collection

克里斯多喜爱的文具收藏品

1. 瓢虫吸尘器
   画画时我都拿来清理桌上的橡皮屑，小小的瓢虫造型吸尘器，不但方便又很可爱，是我画桌上的美丽风景之一呢！

2. 糖果铁盒
   美丽的糖果铁盒，除了当时吃在嘴里甜甜的滋味，也可以一并将未来所有的小幸福，全部放在里面，永远珍藏。

3. 景美女中小书包
   我是景美女中毕业的，以前有大书包装书，现在有小书包可以随身携带，放各种小东西，快乐凝结在单纯的 17 岁，一辈子的太阳神女儿。

4. 邮票
   旅行时我很喜欢收集各地邮票，用过没用过的都有，因为邮票总能轻易让人感受到，当地数百年甚至是数千年，那迷人又深邃的灵魂。

5. 仿复古信封的证件夹
   用纸做成的仿复古信封证件夹，除了创意满分外，更令人惊艳的是其坚固耐用，真是个能衬托个人风格的质感小物。

6. 封蜡章
   有着温润光泽又精致的封蜡章，像神来一笔，可以为许多平凡的东西，带出典雅的复古和不凡的品位。

7. 日本 SAKURA AquaLip 水漾立体浮凸笔
   写出的字会有水漾般的立体浮凸感，不管是写字或画画都可以玩出很特别的风格，有各种颜色，我最爱实用的黑色，一般文具店就可以找到的宝。

8. 花朵羊毛毡笔套
   这朵盛开的花朵羊毛毡笔套，是我最爱的水彩色铅笔的外衣，手握羊毛毡的温暖和温柔，让我画画的时候更开心了。

9. 插画明信片
   我很喜欢收集世界各地的插画明信片，相较于写实的摄影，我总是更能从插画明信片中艺术家的画笔下，看遍当地不一样的风情。

Stationery Collection

ROSY 喜爱的文具收藏品

1. 和风线装笔记
   精致的线装和封面的和风纹饰，是日本打工换宿的咖啡店同事，在离别前送给我的礼物。

2. 月光庄亚克力颜料
   日本老牌画材行月光庄出品，购入的特别色两管颜料，是拜访银座美丽店铺的纪念品。

3. 刺猬图案圆杯垫
   因为家里也养了一只小刺猬宠物，所以收到朋友送的礼物，生动可爱的插画栩栩如生。

4. 樱花牌 12 色蜡笔
   在二手商店找到的宝物，复古的包装和简单可爱的插图，舍不得使用。

5. 红天鹅削笔器
   因为天鹅造型的外观吸引，实际使用也觉得很好用呢！

6. 关美穗子型染邮票贴纸
   关美穗子独特的风格和颜色让人好喜欢，每张邮票贴纸的图案设计都不一样。

7. 白玫瑰纸镇
   东京连锁的百元商店，优雅又细致而且相当便宜呀！

8. MUJI 小相本
   在日本找到台湾还未贩卖的商品，小巧尺寸，装进名片、糖果纸等小东西刚刚好。

9. 魔女宅急便插画贴纸
   宫崎骏吉卜力展览时购买的，有别于卡通的插画风格，配色也十分清新。

10. 纸娃娃便利贴
   带点复古的风格，可爱的娃娃和服装造型，让便利贴变得更有趣。

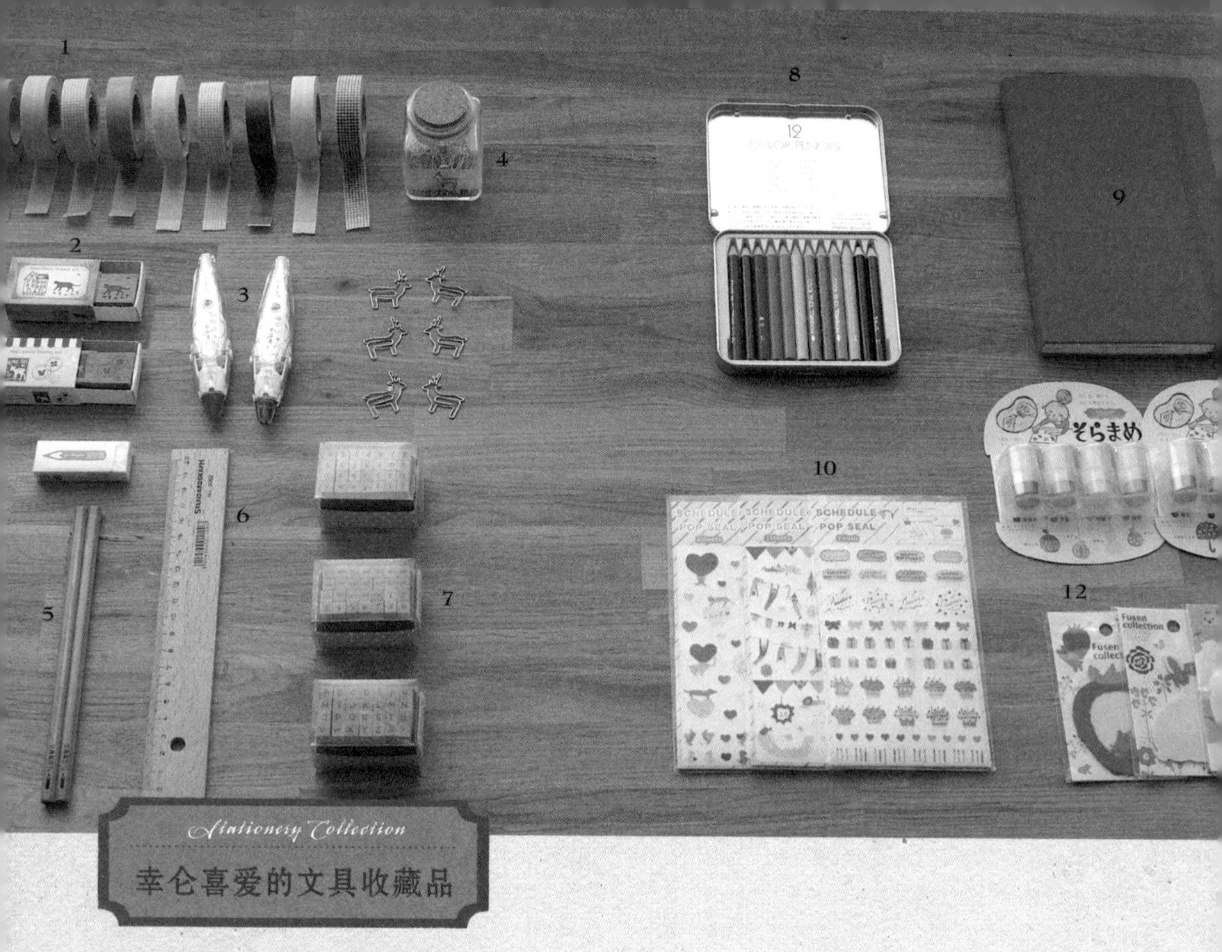

Stationery Collection

幸仑喜爱的文具收藏品

1. Mark's 和纸胶带 多彩蛋糕系列
   我很喜欢基本款的纸胶带，例如点点、格纹和素色，Mark's 这一系列一共出了 10 种颜色，使用起来相当缤纷可爱喔。

2. Matchbox Stamp set 火柴盒印章
   小小的印章放在火柴盒里，实在太可爱了！光是看到心情就会好。

3. Moomin Deco Rush 噜噜米花边带
   来自芬兰的噜噜米，不只是儿时快乐的回忆，也是装饰卡片或是手账本的好帮手。

4. 中川政七商店 小鹿造型回形针
   “这个回形针如果夹在绿色的纸上，就像小鹿正站在草原上一样呢！”怀抱着这样的心情，买了这罐特别的回形针。

5. 文房具**カフェ** 铅笔 & 橡皮擦
   朋友从东京知名的文房具**カフェ**带回来的小礼物，希望有一天我也可以亲自拜访文房具**カフェ**！

6. STANDARDGRAPH 木制定规 20cm
   由木材制作而成的尺，使用起来有温暖的感觉。

7. 英文字母 & 数字、日期印章
   实用的印章，是制作卡片或月历不可缺少的道具。

8. Tombow 蜻蜓牌迷你 12 色色铅笔
   因为是方便携带的迷你尺寸，所以出门时喜欢带着它一起走，其实 12 色就很够用了喔！

9. Moleskine 传奇笔记本
   拥有悠久历史的 Moleskine，质感不在话下。我很喜欢红色，因此看到这本红色的 Moleskine，几乎是毫不犹豫就买了，主要用来记录灵感。

10. SCHEDULE POP SEAL 手帐贴纸
    充满童趣的手帐贴纸，可以用来装饰手帐里的月计划，或是标示重要的节日，是我非常喜欢的贴纸。

11. VersaCraft 津久井智子 豆形印台
    由日本刻章达人津久井智子老师设计的印台，颜色相当漂亮，可以直接涂在印章上，先上浅色、再上深色，制造出渐层的效果，是我个人非常爱用的印台。

12. GakkenSta:Ful 半透明便利贴
    动物造型的半透明便利贴，相当有质感，可以夹在手账本里随身携带，是我一直都很珍惜使用的便利贴。

Stationery Collection

大宇人喜爱的文具收藏品

1. SKYTREE DECO TAPE
东京天空树贩卖店发现 SKYTREE 吉祥物的纸胶带，是个星星公主？

2. Suica 企鹅印章
东京地下铁的企鹅印章，有喜怒哀乐的表情还有小脚印的连续印章，无敌可爱！

3. 林肯纸娃娃笔记本
朋友美国行带回的纪念品，里面还有帮林肯爷爷换衣服的纸娃娃。

4. 月光庄笔记本
月光庄画材专卖店推出的笔记本，尺寸很适合写生携带。

5. TRAVELER'S NOTEBOOK 印章
在中目黑 TRAVELER'S NOTEBOOK，以朝圣心情采购！很适合印在明信片上。

6. shachihata 印台（天空色）
这款印台色彩饱和，盖印起来很均匀，还有推出天空蓝、樱花等特殊色。

7. J.Herbin orange indien 卡式墨水
这牌子都会帮墨水取美丽的名字跟可爱图像，这瓶叫印度橙，有可爱的橘色大象。

8. SKYTREE 橡皮擦
大大的 634，标示着天空树标高 634 公尺。

9. TRAVELER'S NOTEBOOK 限定纸胶带
以火车票卷的图像限定贩卖，很有旅行的感觉。

10. METAPHYS 2mm 红色笔芯
可以搭配原厂ノックする铅笔或者大人的铅笔，红色的线条画起来很柔和。

11. e + m 蘸水笔杆
直顺的造型加上木头笔杆，用来绘制特殊的墨水。

12. 北星大人的铅笔
2011 日本文具大赏，让人们可以回味儿时铅笔时光，手感也很棒。

13. 在古董店发现的钢笔
像寻宝一样发现的钢笔文具，1951 年的产物！

14. LAMY safari 系列
我的第一支钢笔！

15. 大创笔刀
只要 39 台币！用来刻橡皮章很好用，角度很小；只是好像停产了。

16. PILO X itoya 中性笔
日本最大文具店推出的联名款的中性笔，有许多颜色！

17. MUJI 三角橡皮擦
橡皮擦的边角很珍贵，这款橡皮擦很适合擦到微小的地方。

18. Ultrahard 笔袋
朋友送的笔袋，以大文学家们作为命名；可以折出一支铅笔的样子。

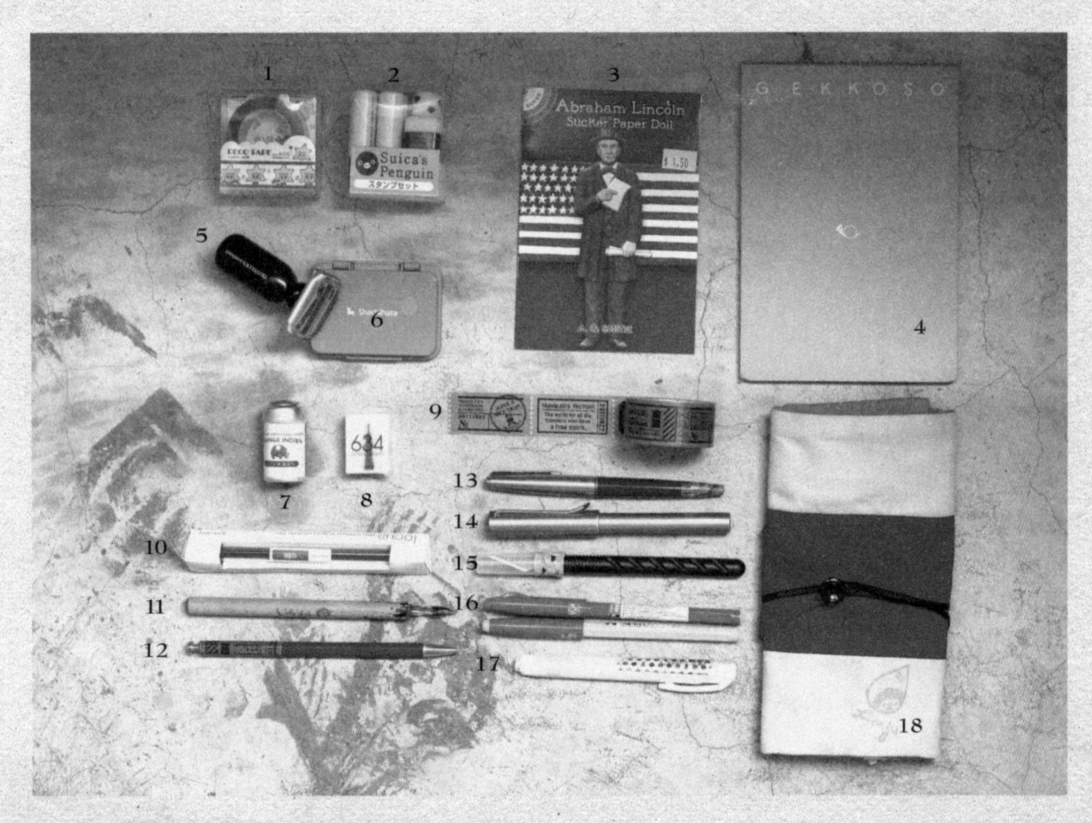

19
Date
M
How to make
幸福美劳时光

旅行御守票夹

Photo p.44
Design by 小西

1

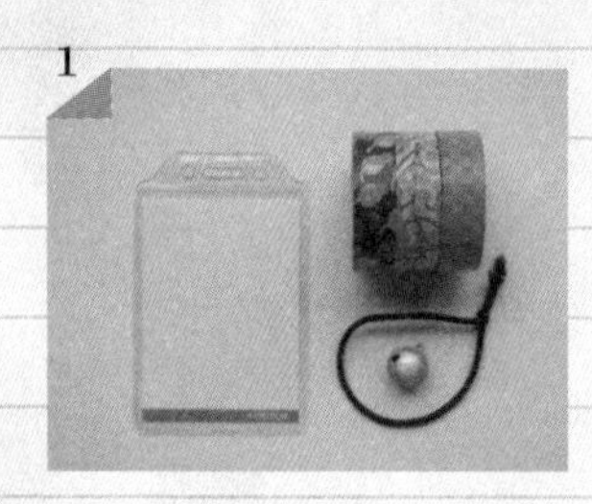

透明票夹、铃铛、松紧绳、纸胶带、美术纸。

2

黏贴和风的纸胶带于票夹上，并沿边缘修除多余胶带。

3

准备两张小纸卡，较大的黏贴纸胶带做底色，较小的写上旅途平安的字样。

4

将完成的字样黏贴于御守中央。

5

松紧绳穿过铃当。

6

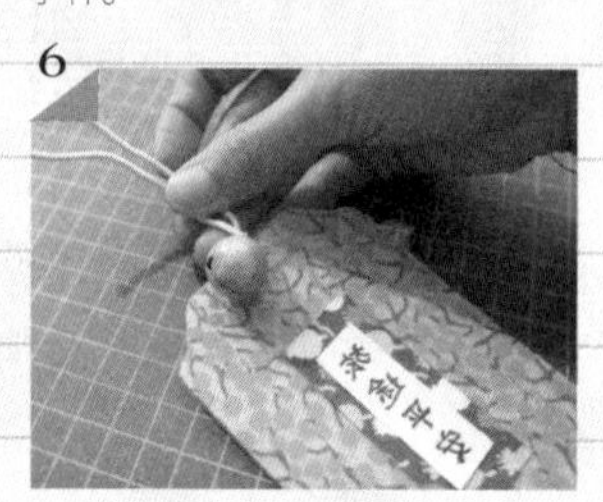

最后将松紧绳穿过票夹后打结。

小厨具便条纸本

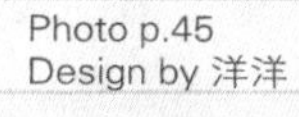

Photo p.45
Design by 洋洋

1

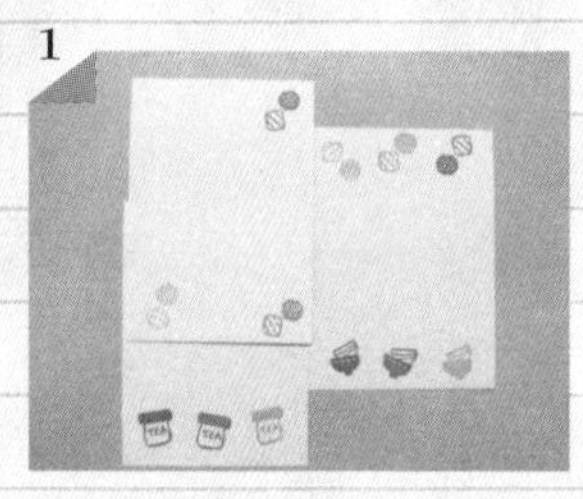

准备便条纸、各色印台、牛皮纸、纸胶带数卷、麻绳、打洞器等材料及工具。再将普通的便条纸盖上图案，可以同个图案不同色系作变换，或是不同图案之间的组合。

2

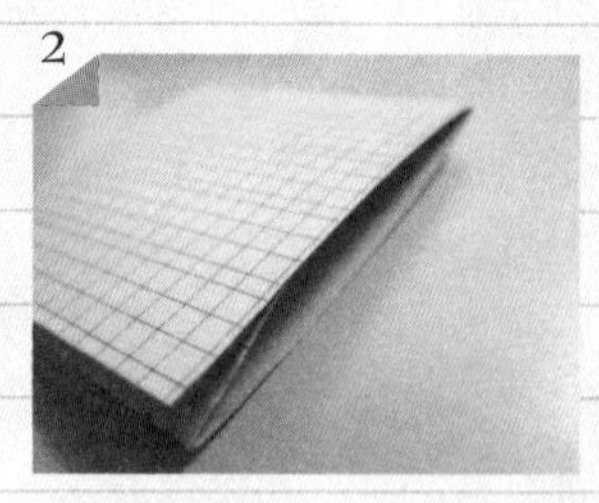

把牛皮纸裁成比便条纸长宽都更多2cm的三折大小。

3

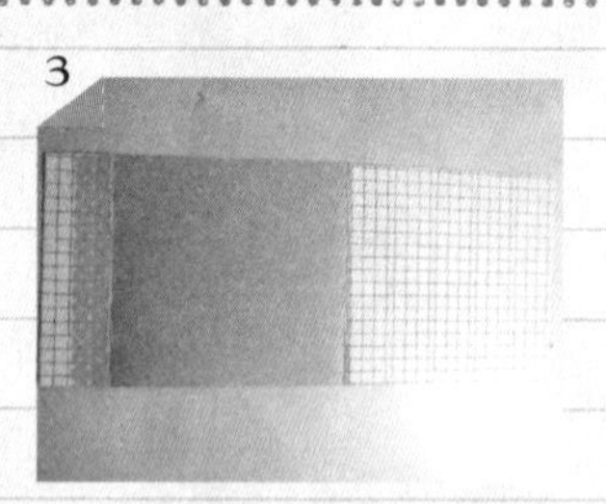

将反折回来处，左边两边黏上双面胶。

4

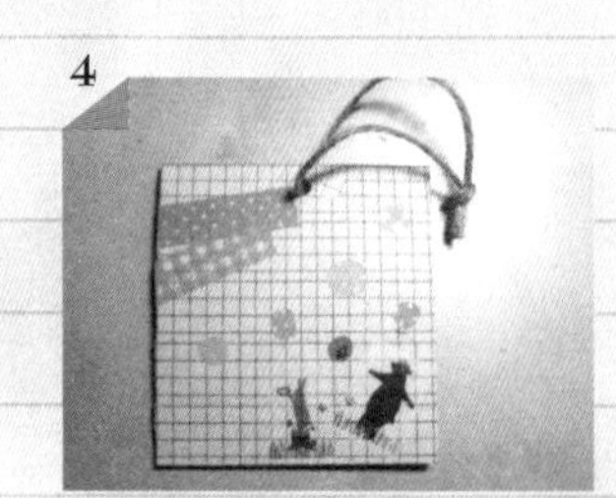

用纸胶带装饰封面。

5

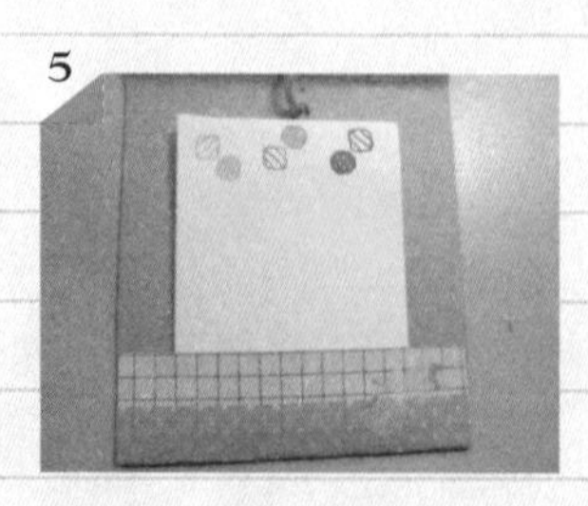

打洞之后，用麻绳穿过，再将便条纸放入就完成了！

名片小房子

Photo p.48
Design by Nydia

1

彩色丹迪纸4张、牛皮卡纸、名片、白胶（相片胶也可以）、纸胶带、刀片、尺、剪刀。

2

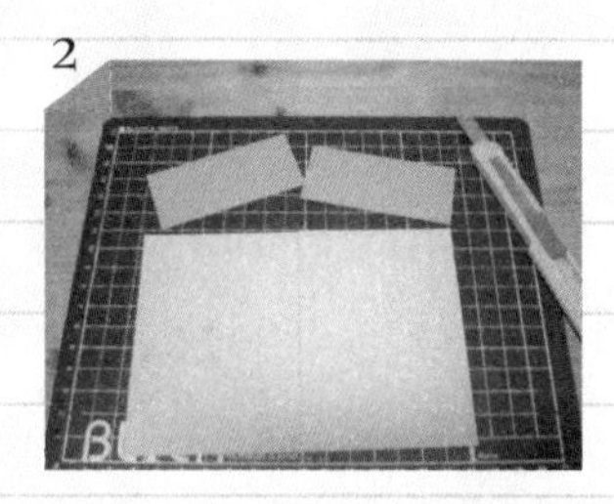

裁切小房子的封面封底，蓝色为房子、卡其色为屋顶。

3

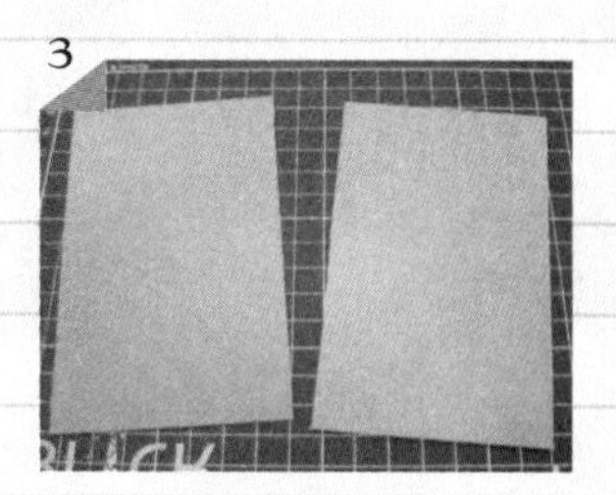

由于丹迪纸当封面太薄，所以裁切房子大小的牛皮卡纸。

4

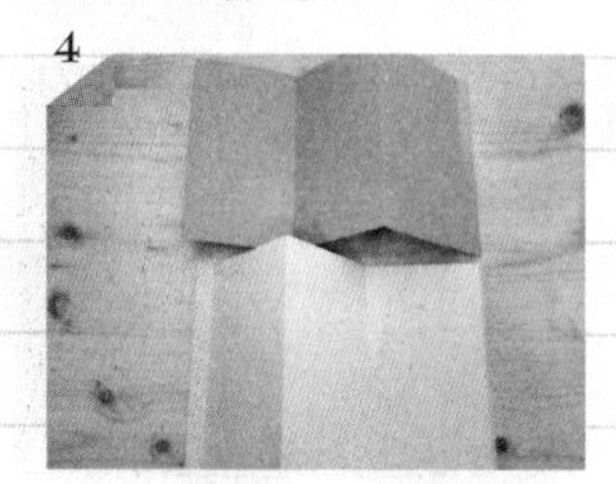

依照名片的数量做几个折页，如果纸张不够长，可以用拼接的。

5

拼接处多留 1cm，黏贴在第二张折页的一边。

6

房子封面涂上白胶。

7

按此顺序黏贴：房子封面→内页拼接的 1cm →牛皮卡纸。

8

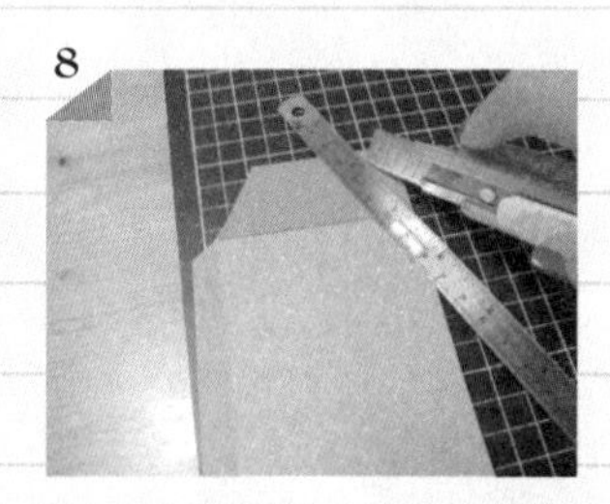

将所有内页与封面折叠好，一并裁切上方两角。

9

做出房子形状的折页了。

10

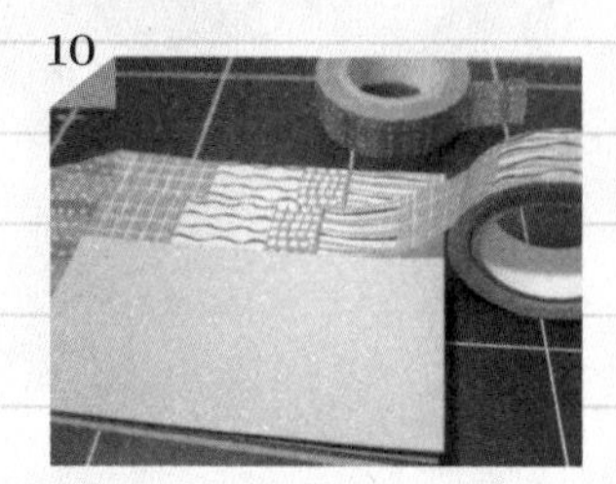

封底用纸胶带装饰。

11

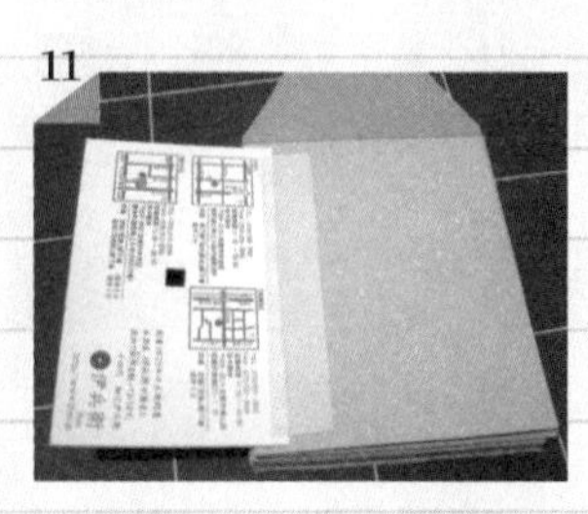

封面选用适合的名片，将纸胶带从内侧黏贴。

12

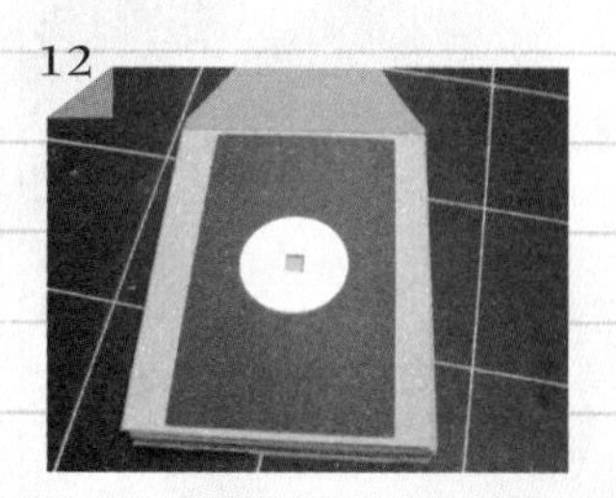

封面完整呈现出日本风格的名片。

13

内页的名片依照背面阅读的方向黏贴纸胶带。

14

完成。

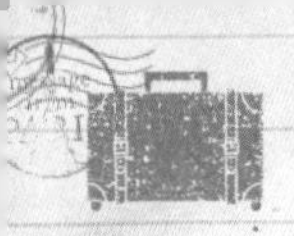

行李吊牌

Photo p.52
Design by 大宇人

1

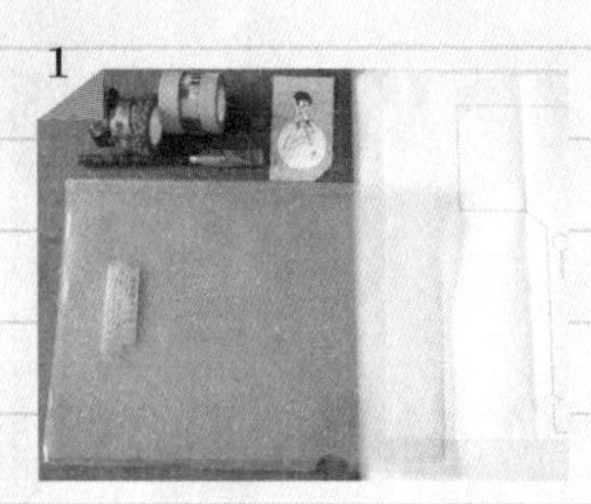

材料：透明文件夹、纸胶带、名片 / 名片大小的纸、版型纸。

2

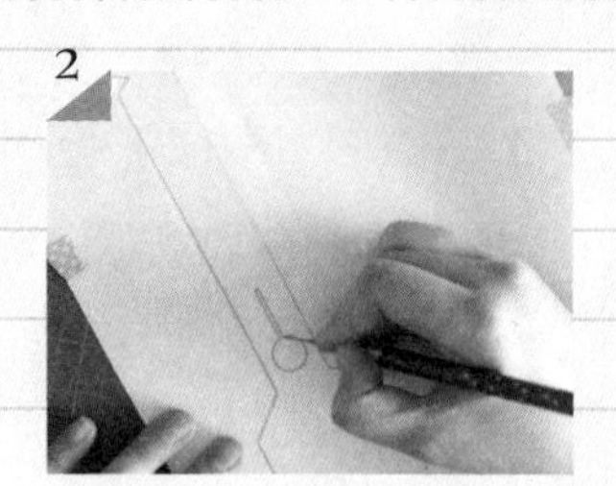

将透明文件夹依照版型切割下来。

3

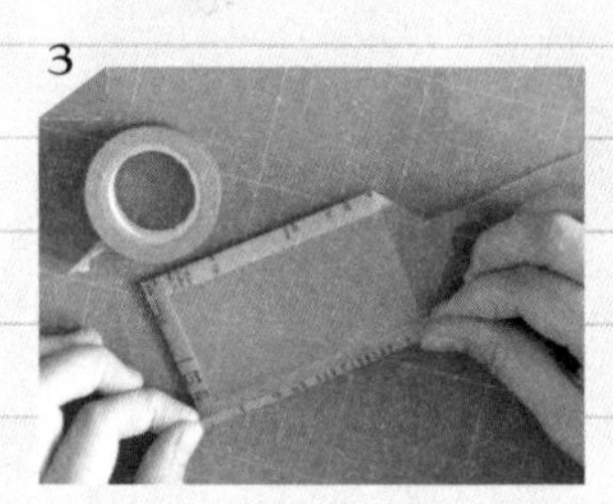

将有虚线的部分对折，用纸胶带黏贴固定。

4

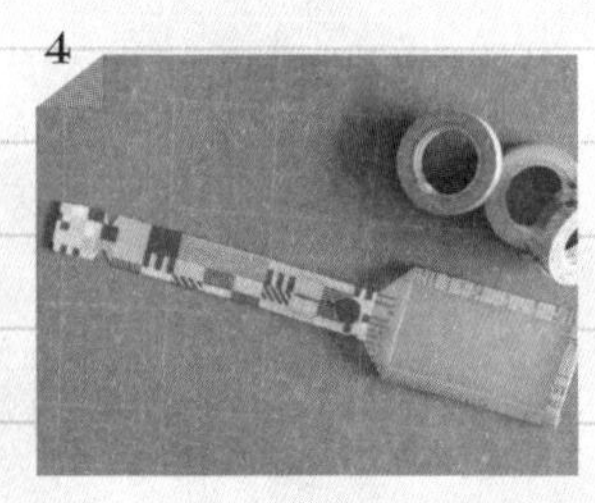

用纸胶带装饰，记得要留下名片大小的空间。

5

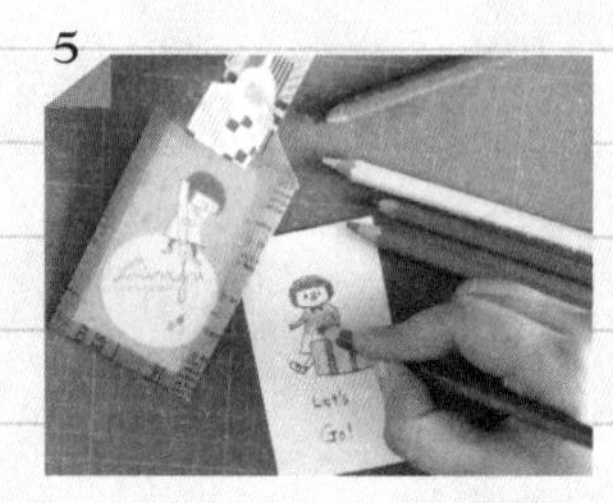

装入自己的名片或画上小图写上名字。

6

绑在行李箱上，就完成了独一无二的行李吊牌了！

幼儿园中的笑声——玩具弹珠台

Photo p.49
Design by 杂粮面包

1

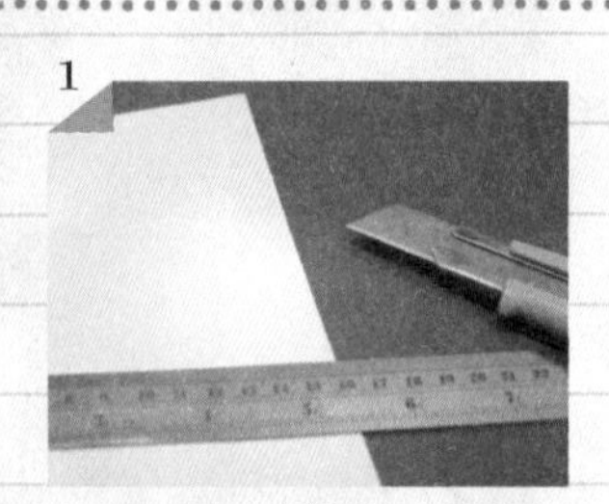

依纸盒内缘尺寸裁切厚纸板，作为弹珠台底板。

2

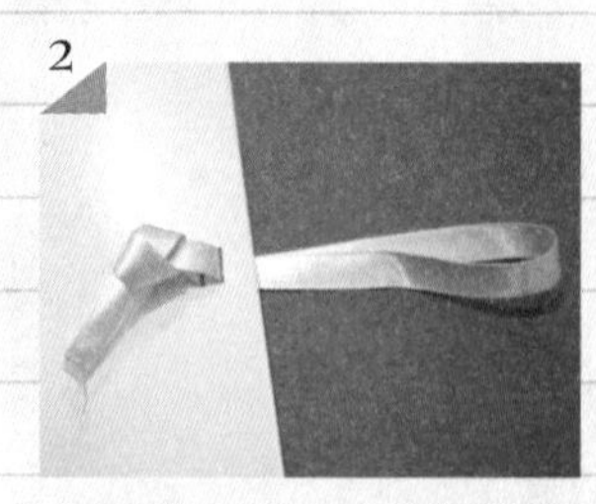

以笔刀于底板切割孔洞，并将缎带穿过打结固定成拉环。

3

先以长尺辅助标式格点位置，绘制弹珠台设计草图。

4

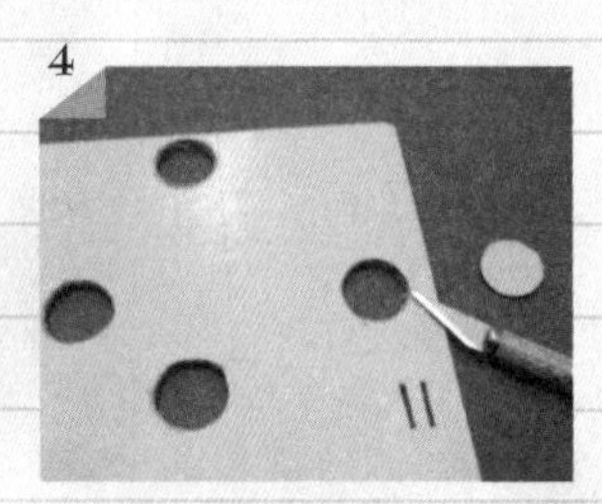

以圆规辅助标示弹珠掉落孔洞位置，并以笔刀切割。

5

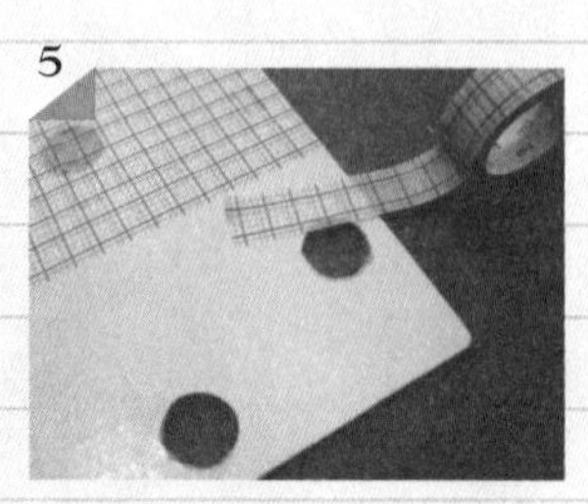

用纸胶带包裹底板，并切除多余部分保留孔洞位置。

6

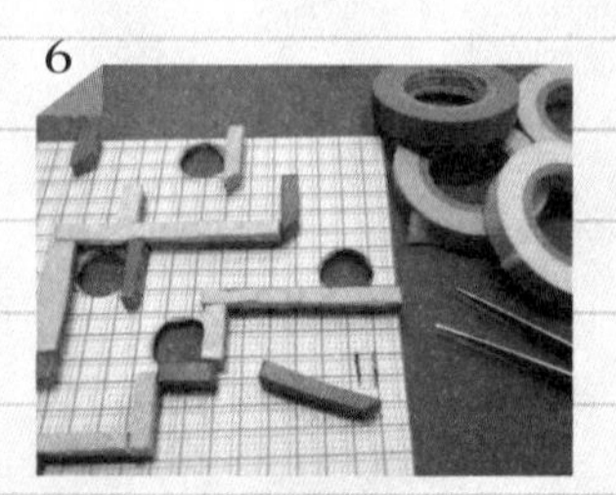

将细长条状软木垫以彩色纸胶带包裹，黏贴作为隔板。

7

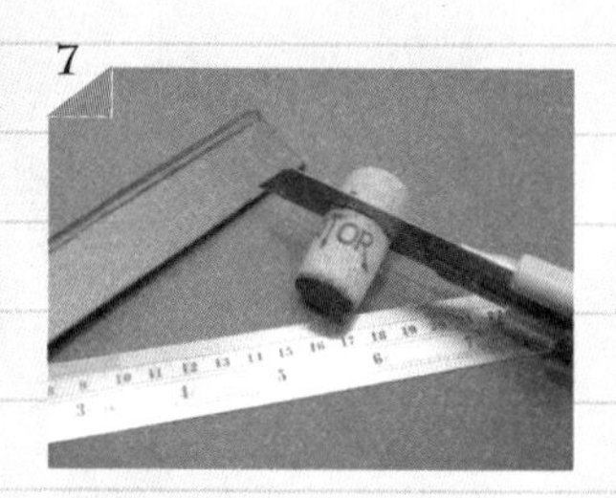

把瓶塞切半，作为纸箱底与弹珠台底板间的垫高素材。

8

垫高用的瓶塞黏贴于纸盒的角落，避开弹珠掉落孔洞。

9

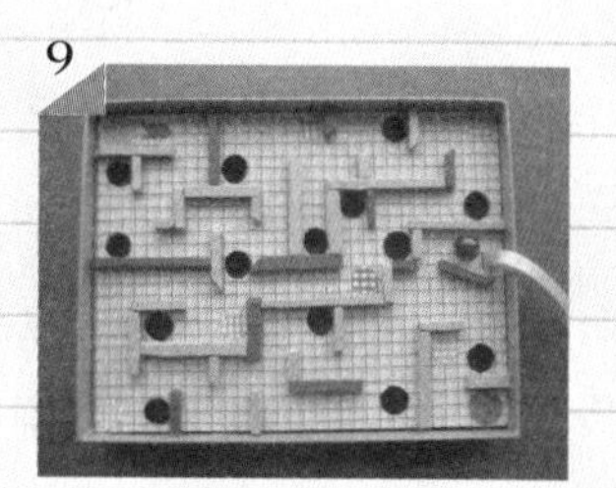

以双面布胶将弹珠台底板与纸盒于无缎带拉环侧黏合。

马来貘和花日期章

Photo p.141
Design by 洋洋

1

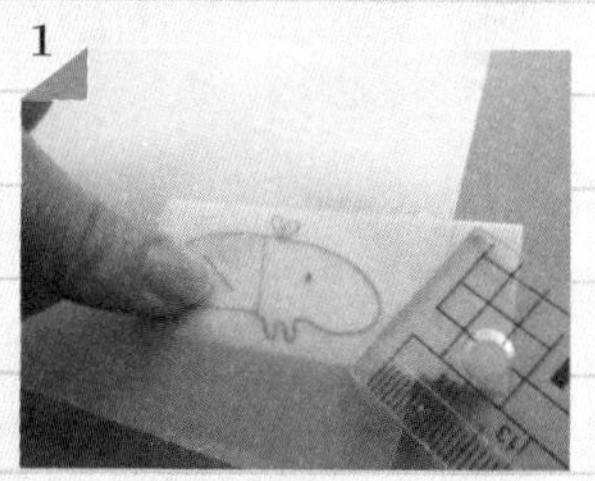

先准备橡皮擦、笔刀、切割垫、描图纸等材料。再将橡皮擦材切成 6cm×2cm 的大小，用描图纸将图案转印过去（可以用尺往同一个方向推两到三次）。

2

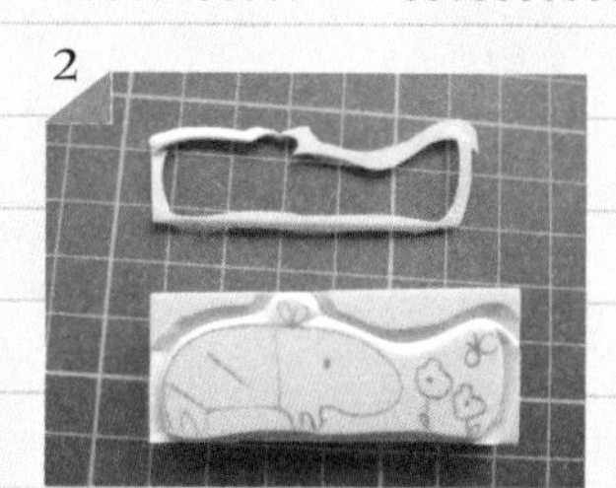

沿着图案的外框，笔刀呈现 45 度，先刻出一圈防护线。

3

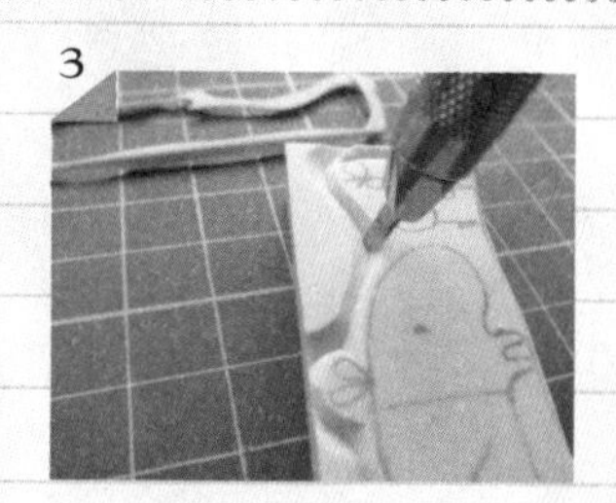

将笔刀垂直地沿着刚刚刻过的痕迹，再刻一圈。

4

再平切将不要的地方削平。

5

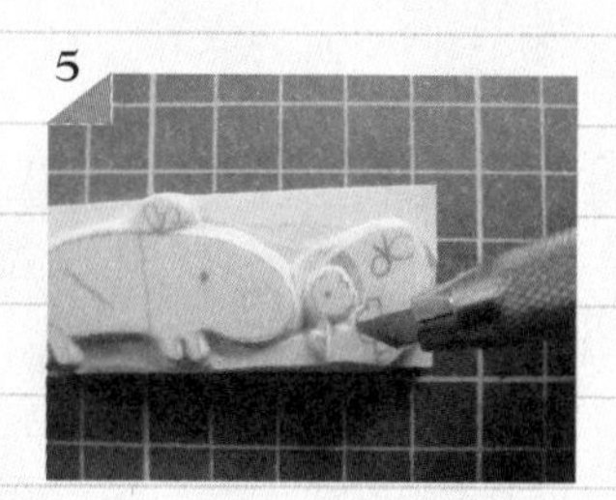

处理图案细节部分。

6

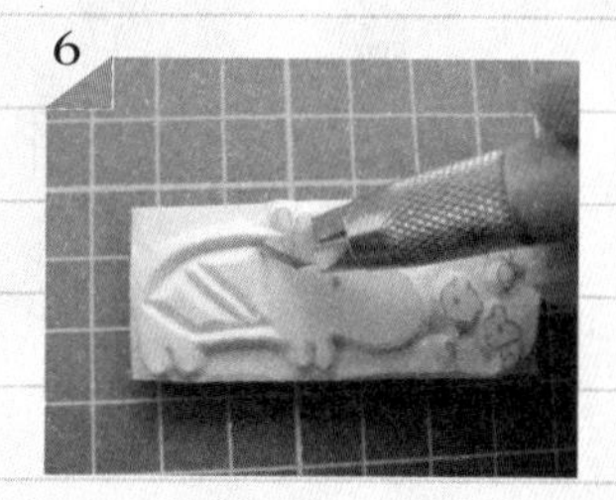

分次将大面积的地方刻下来。

7

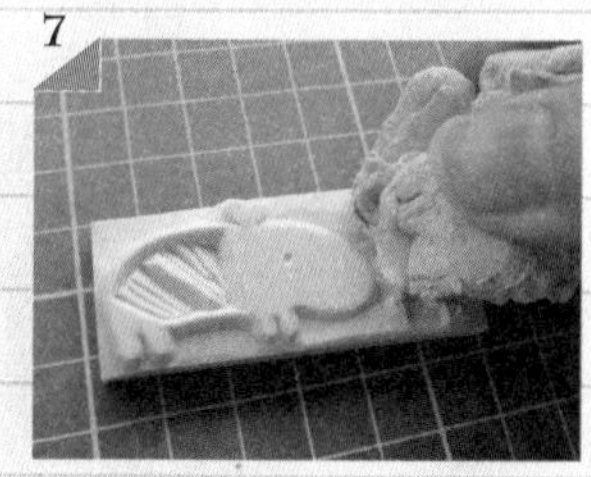

用清洁黏土拍个几下，将铅笔的痕迹清除掉。

8

试盖后看情况修改，完成！

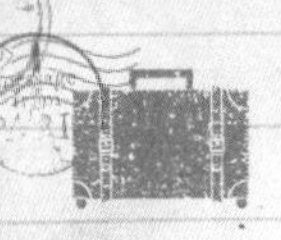

文化大不同明信片

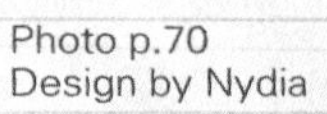

Photo p.70
Design by Nydia

1

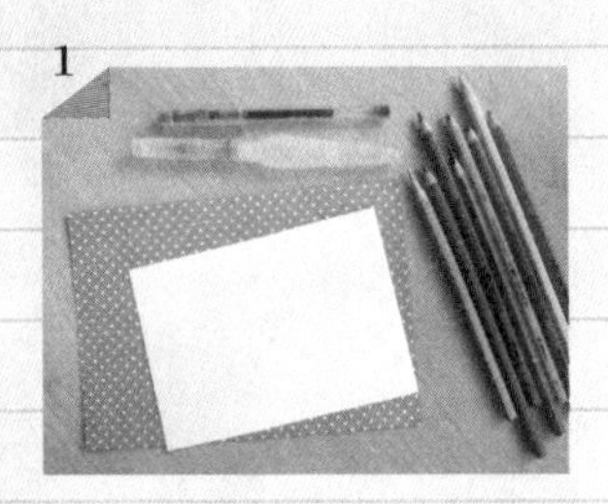

材料用具：水彩纸、美术纸、黑色钢珠笔、中型水笔、水性色铅笔。

2

在画面上画两个大小均等的图框，再用灰色色铅笔先简单勾勒草图。建议两边的构图尽量相似，画面才能凸显比较、差异的趣味。

3

先用色铅笔将背景上色，并用水笔把它晕开，让远景不要有太多的笔触，有一种些微晕染的感觉。再用黑色钢珠笔勾勒线条。

4

用色铅笔将主体填色，远景细节部分也可以稍做调整。

5

在空白处写上图说，建议加上你个人的感觉或心得，可以增强独特性。

6

若要装订在书页里，可以选一张自己喜的爱颜色与花样的美术纸，将对角两边斜切，再将明信片两角嵌入切口中即可。

充满话题的介绍小卡

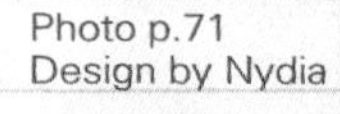

Photo p.71
Design by Nydia

1

材料用具：标签吊卡数张、彩色打印或杂志剪贴的充满台湾风格的图案、剪刀、相片胶、字母印章、咖啡色印台、代针笔、色铅笔。

2

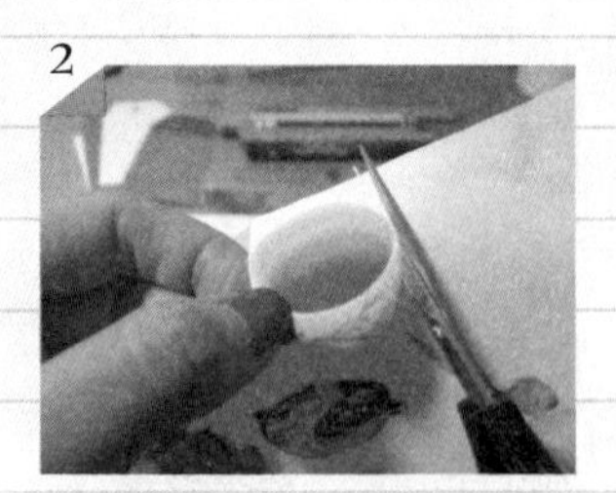

剪下搜集来的图案。

3

将小图先排列在小卡上，可以突破原本的大小比例，拼贴出趣味性。

4

先用字母印章盖印上自己的英文名字。

5

用色铅笔在空白处加一点插图，可以画一些与贴在卡片上的图案相互呼应的小图。

6

如果还有空位，可以用代针笔写一句叙述文字加强说明即完成（代针笔与字母印章建议相同颜色或同色系，才不会有杂乱的感觉）。

旅行剪贴本

Photo p.72
Design by Nydia

1

材料用具 旅行搜集而来的纸张、小册子、纸胶带、色铅笔、黑色代针笔、照片、剪刀、相片胶。

2

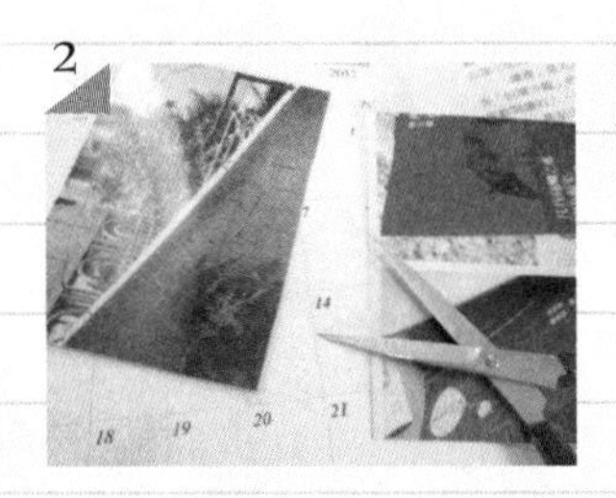

剪下图片或照片。

3

先安排每一页要摆放的图案，平均分散到各页当中。

4

可以选择适合风格的纸胶带黏贴。

5

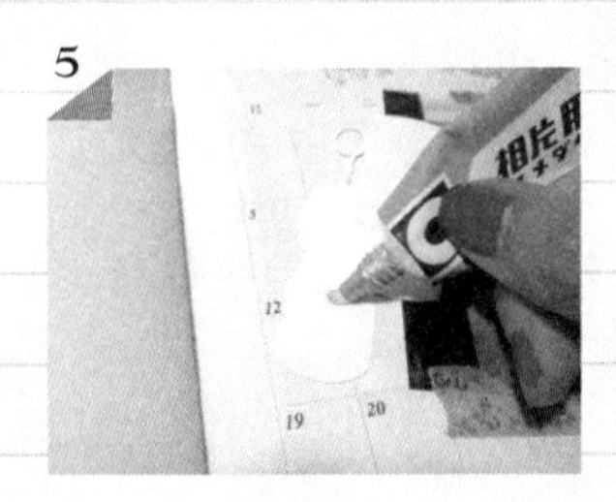

部分也可以用相片胶黏贴。

6

有些图片（照片）不一定要保留成长方形的，可以沿着对象的外型剪下黏贴。

7

用纸胶带拼贴照片。

8

照片旁边可以用相同的纸胶带和色铅笔做一些装饰。

9

可以在文字上画一些小插图，使用色铅笔不会把文字覆盖掉，还是可以阅读的。

10

用黑色代针笔加上一小段图说或旅行心情。

11

有些画面，可以用色铅笔加些批注，这些都可以随喜好去搭配。

12

最后在封面画上自己的小图，和原本小册子的设计交错在一起更有趣。

打开旅行的立体回忆

Photo p.74
Design by Nydia

1

材料用具：插画纸 2 张、色铅笔、剪刀、刀片、尺、纸胶带、切割版。

2

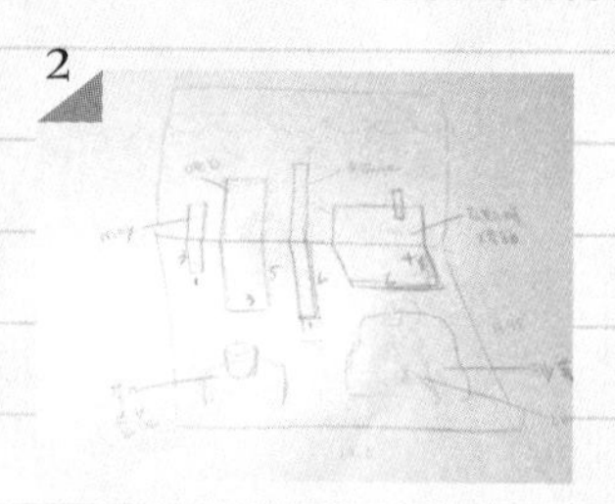

在白纸上先用铅笔画出需要切割的结构，最好也把尺寸标示出来。

3

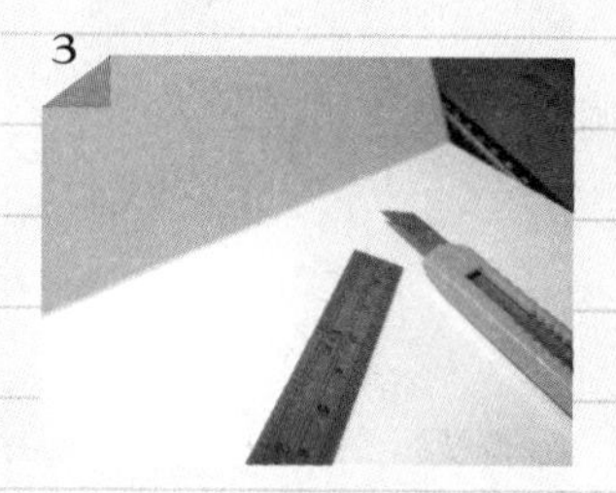

用美工刀背将插画纸一半划出折线。

4

将立体折线两侧用美工刀切开。

5

立体折线的上下两端用美工刀背划出折线（请勿直接将纸凹折，用美工刀背划出折线才会干净漂亮）。

6

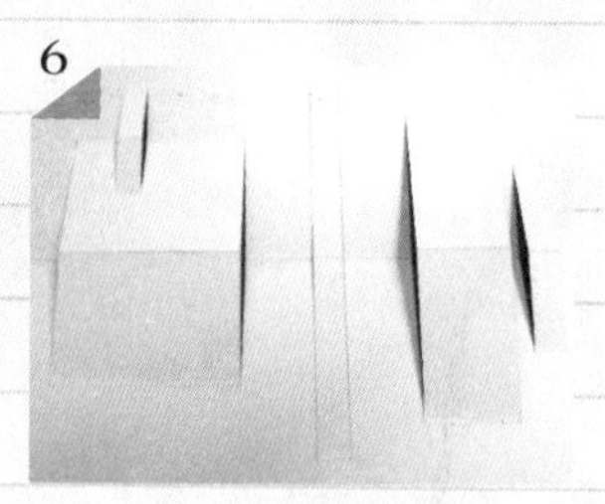

把所有立体折线裁切好。

7

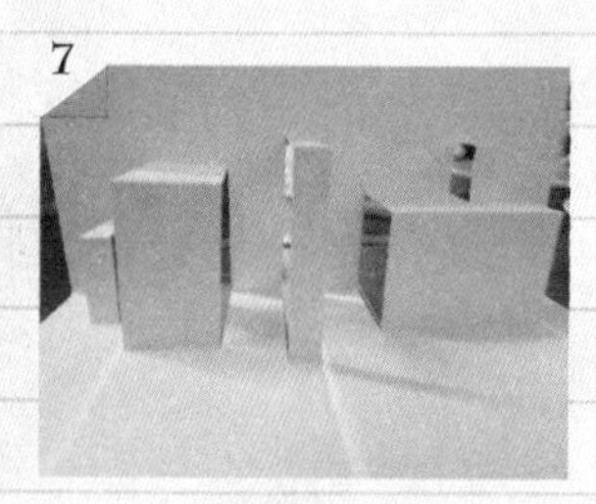

将卡纸立起来，则可以看出立体的结构。

8

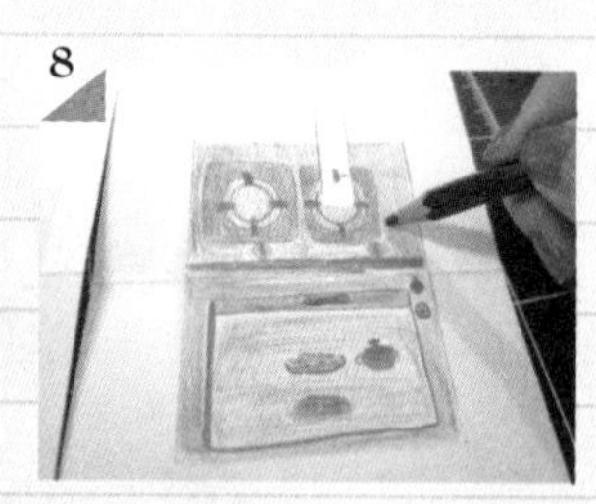

最右边用色铅笔画出瓦斯炉与烤箱，稍微画出立体景深会更接近三维效果。

9

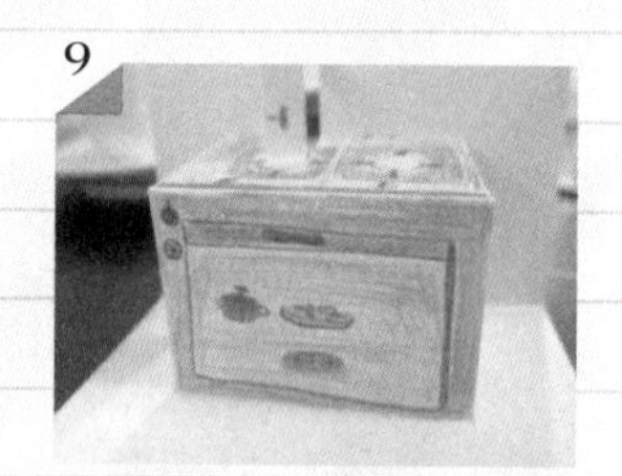

炉火与烤箱。

10

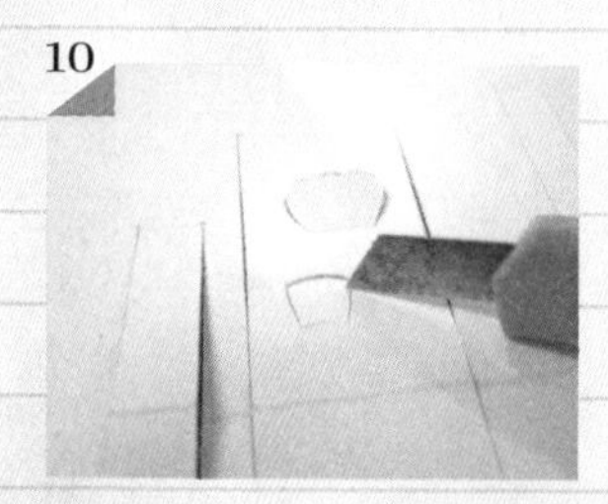

左 2 的折边划出两个食物外型，并切割三边，底座部分用刀背划出折线，让食物可以立起来。

11

用木纹纸胶带贴满折边，当做吧台。

12

将纸胶带盖住食物的部分剪掉。

13

用色铅笔画出食物，并且把它立起来。

14

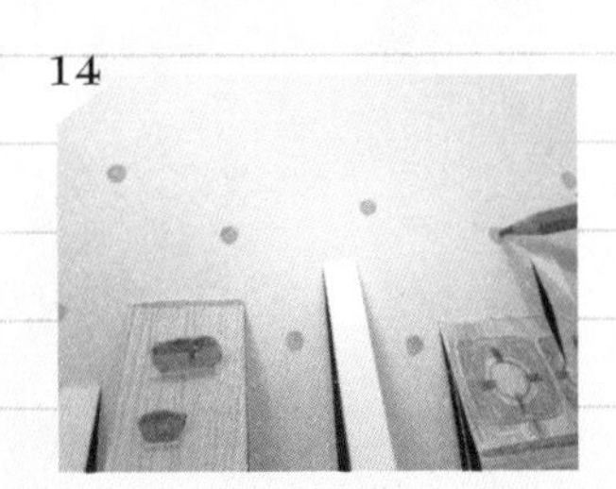

卡纸立起来的那一面画出装饰底纹。

15

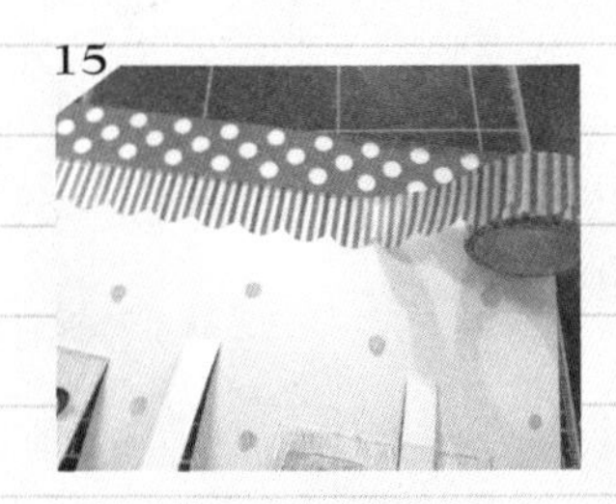

用纸胶带于顶端贴上窗帘。

16

卡纸另一半用色铅笔涂满咖啡色当地板。

17

前景画出茶几与盆花，并且如同吧台上的食器一样，切割三边、底座划出折线。

18

用碎花纸胶带拼贴出一个沙发，用色铅笔在椅垫内侧加一点点深色渐层，提高沙发的三维效果。

19

将沙发切割三边、把它立起来。

20

用布胶带将部分地板贴上当做地毯。

21

用色铅笔在另一张插画纸上画出三个人，并且把它剪下来（注意摆放的位置与高度）。

22

其中一个贴在沙发上。

23

其他两个也用相片胶黏贴在立体折边上。

24

把所有的对象都立起来就完成了！

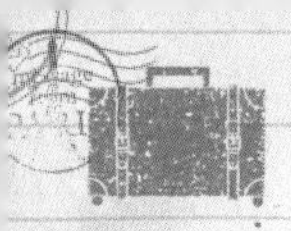

我的旅行箱

Photo p.73
Design by Nydia

1

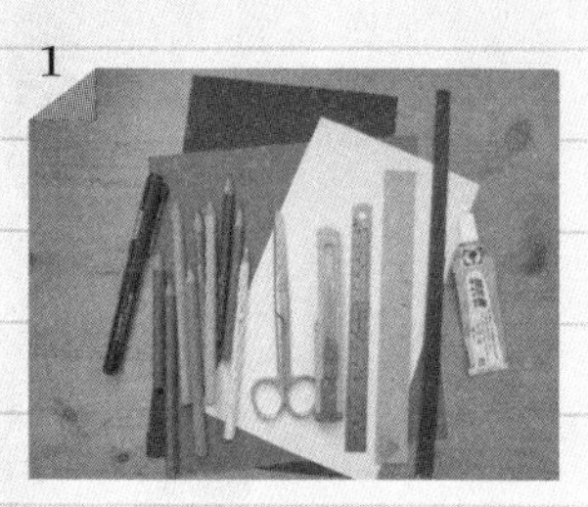

材料用具：彩色丹迪纸两张、黑卡纸、再生卡纸、白色插画纸、色铅笔、黑色代针笔、剪刀、刀片、尺、相片胶。

2

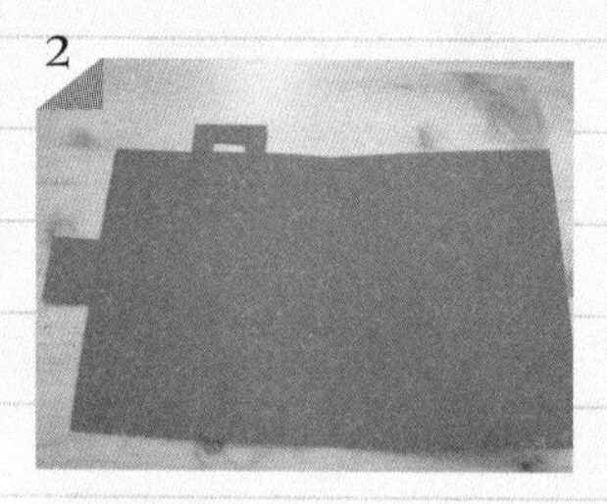

画出旅行箱的结构，裁切旅行箱的外型。

3

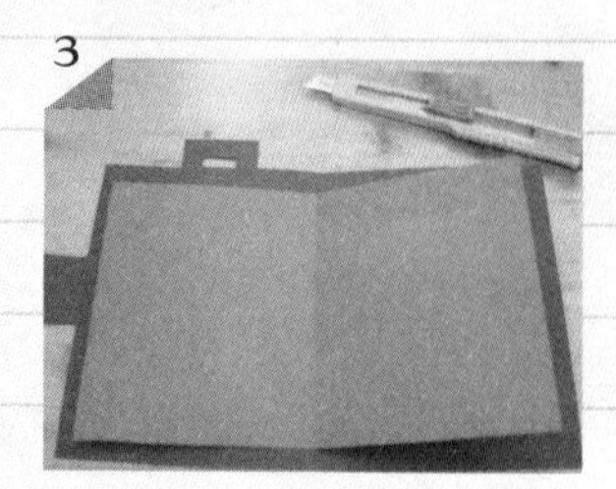

用第二张丹迪纸张做旅行箱内页，长宽比旅行箱略小 1cm 左右。

4

旅行箱外侧一边切割扣环的开口。

5

另一边的扣环将两端切出斜角，以方便在最后插入开口中。

6

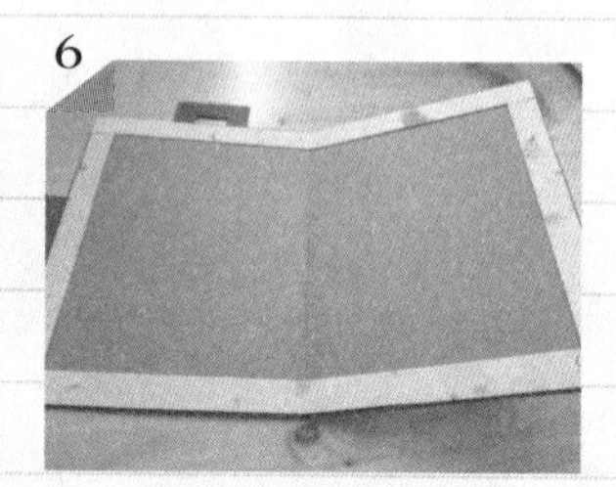

黏贴好内页、再生卡纸黏贴边条，让旅行箱看起来有一个深度的层次。

7

外观则用黑色卡纸黏贴装饰。

8

以黑色代针笔在插画纸上画出旅行的衣物和自己常用的必备品，不需局限折叠或收纳的模样，以清楚表达对象为主。

9

把衣物沿着黑色边线剪下来。

10

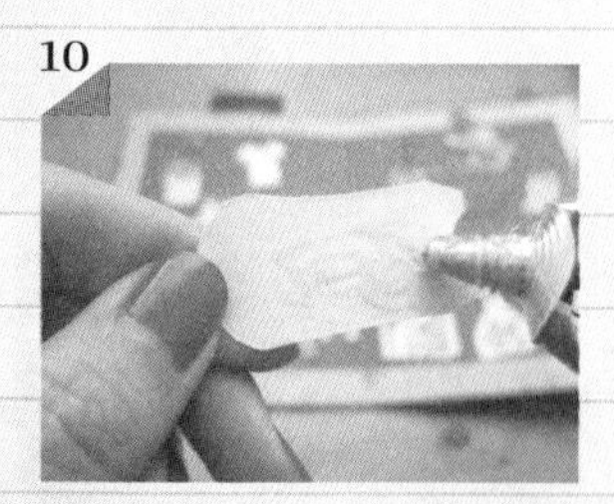

确定好位置后，用相片胶黏贴。

11

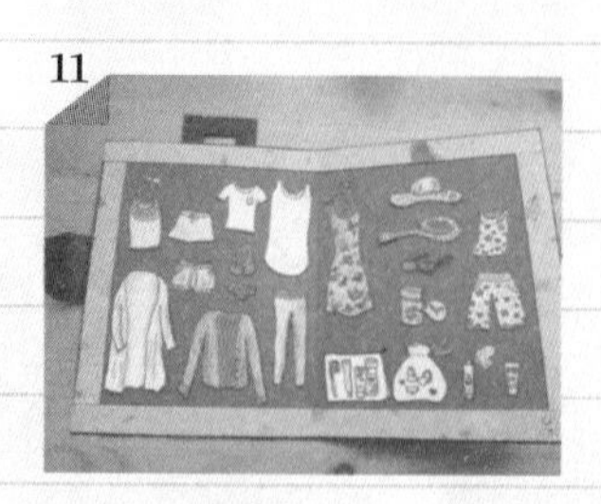

完成旅行箱的内层了！

12

完成。

用水彩让底片显影的礼物吊卡

Photo p.82
Design by 克里斯多

1

用遮盖液和尖头物品，在日本水彩纸周围画上底片边边的正方形小格子。

2

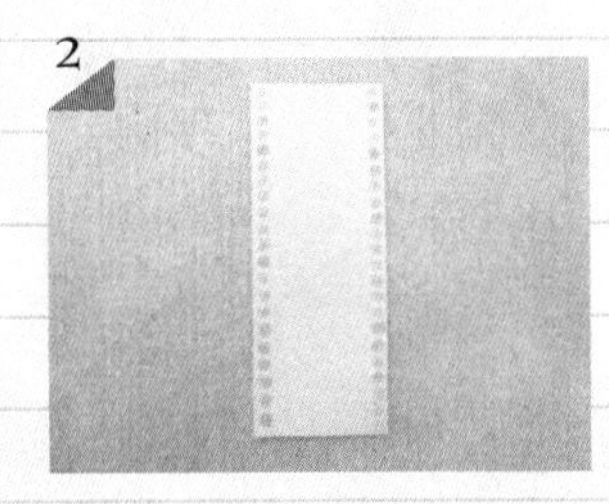

将遮盖液置干。

3

使用红、橙、黄、绿、蓝、紫色的水彩色铅笔。

4

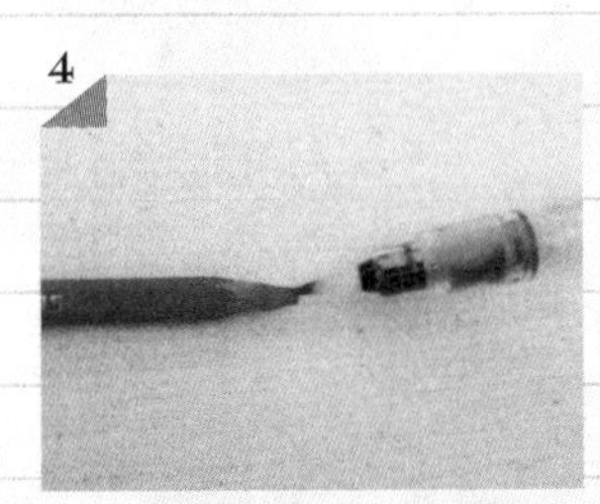

水笔直接沾染水彩色铅笔上的颜料。每沾染一个不同的颜色前，水笔都要先用卫生纸擦拭干净。

5

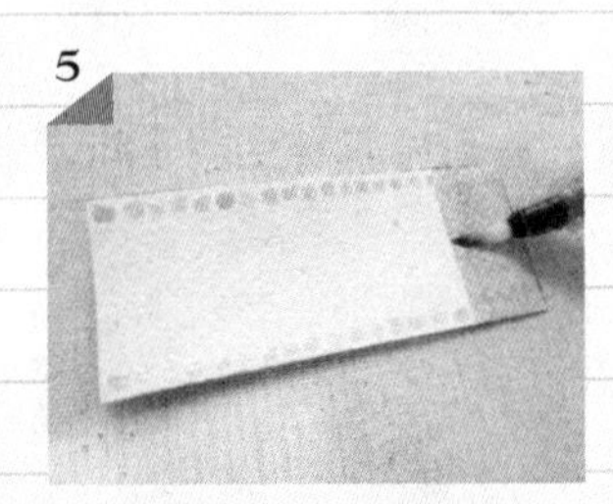

将红、橙、黄、绿、蓝、紫色依序晕染上。

6

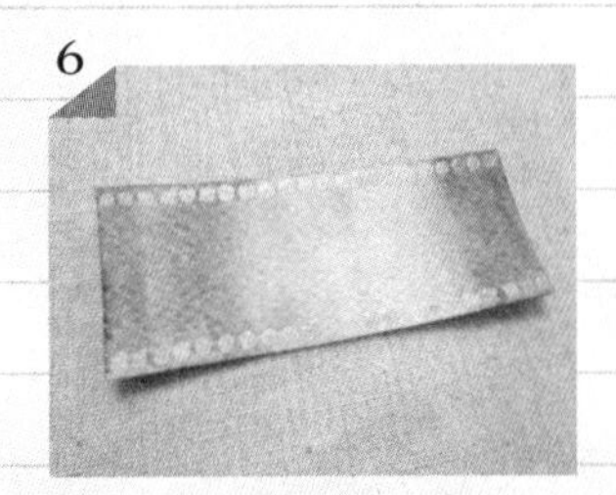

置干，或使用吹风机吹干。

7

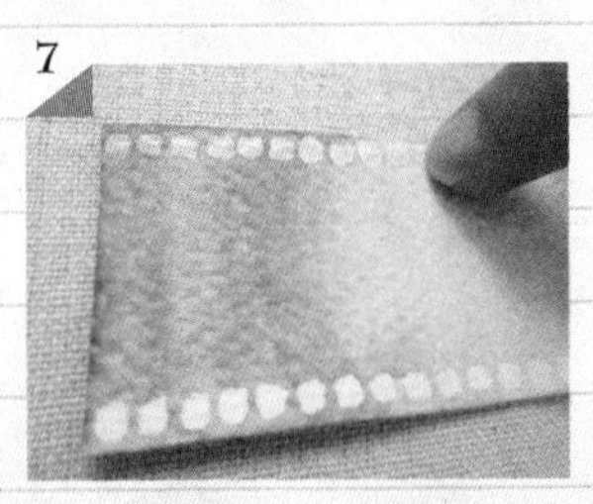

用指甲轻轻将遮盖液剥除。

8

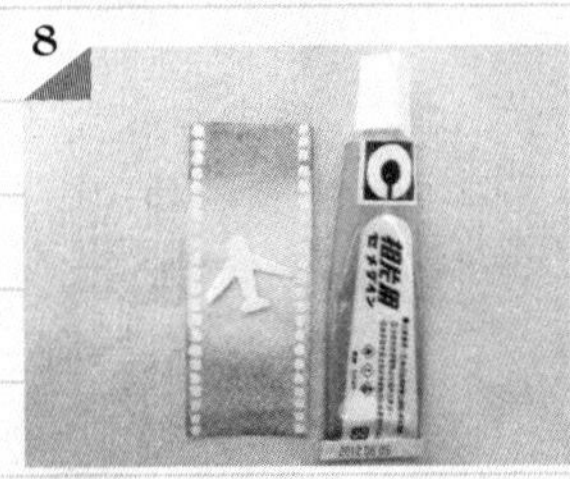

用牛奶瓶卡剪下小飞机，用相片胶黏在吊卡上。

9

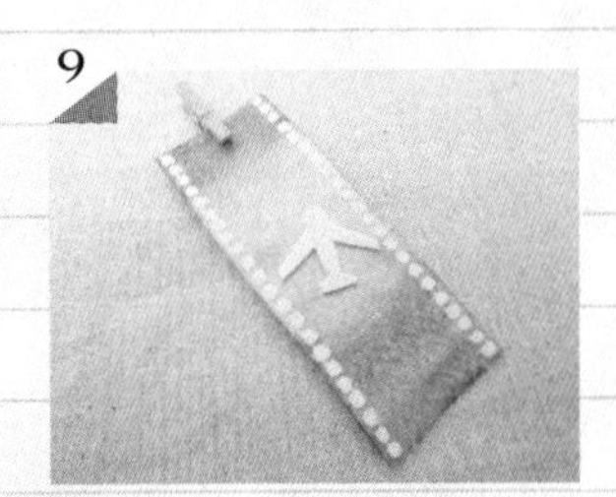

最后夹上小木夹即完成。

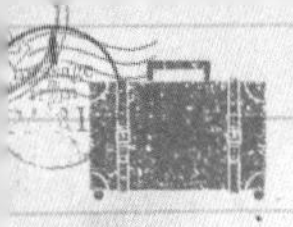

用水彩色铅笔画旅行日记

Photo p.76
Design by 克里斯多

1

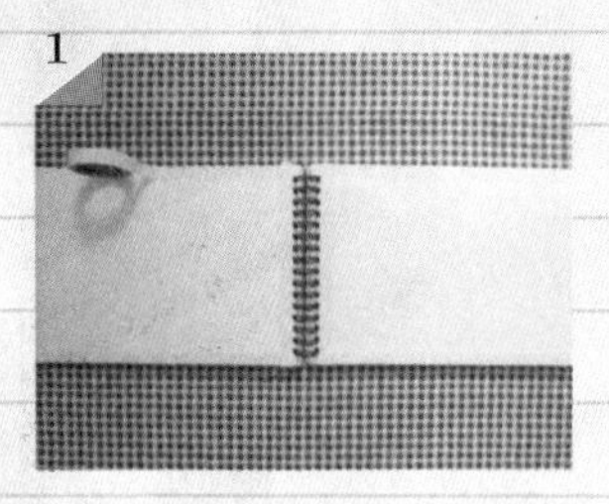

将旅行日记边缘贴上画画用纸胶带。

2

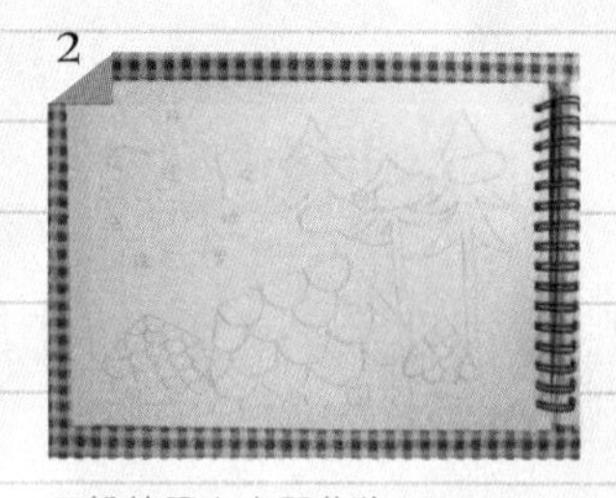

用铅笔画上左页草稿。

3

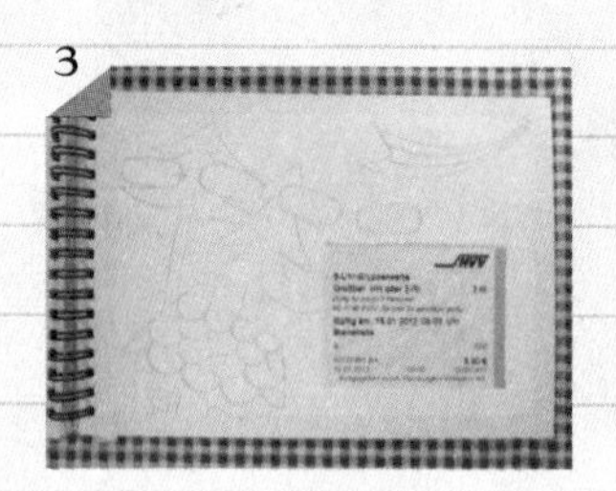

用铅笔画上右页草稿。

4

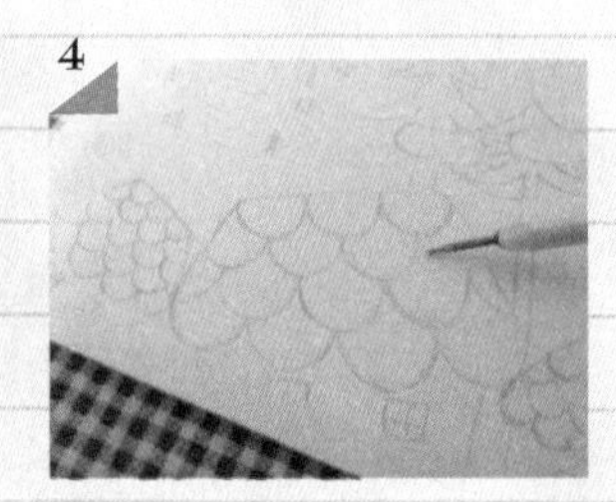

用珠笔压出草稿线条后，将铅笔草稿擦掉，然后依珠笔压出的草稿线条，开始上色。

5

用红、橘、粉红、天蓝色水彩色铅笔，画屋顶。

6

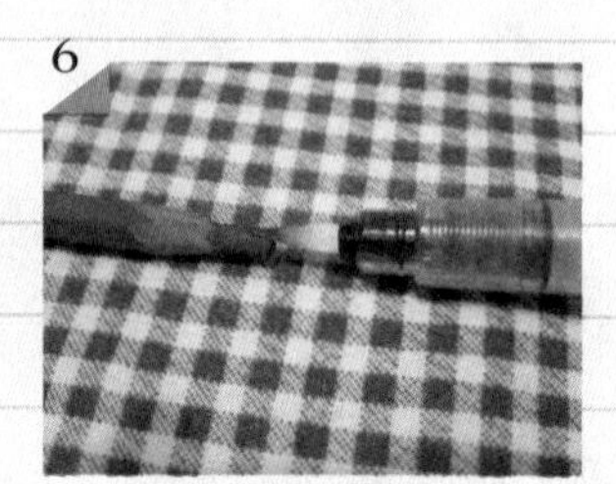

水笔直接沾染水彩色铅笔上的颜料上色。在画不同颜色的屋顶砖瓦前，水笔都要先用卫生纸擦拭干净。

7

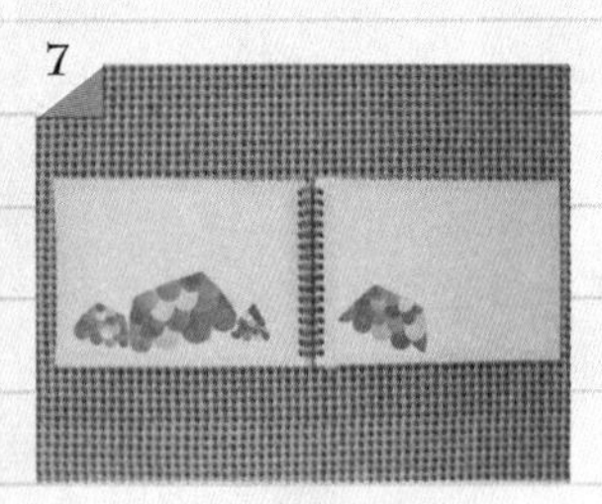

屋顶颜色主要为红色和橘色，蓝色和粉红色为零星点缀。

8

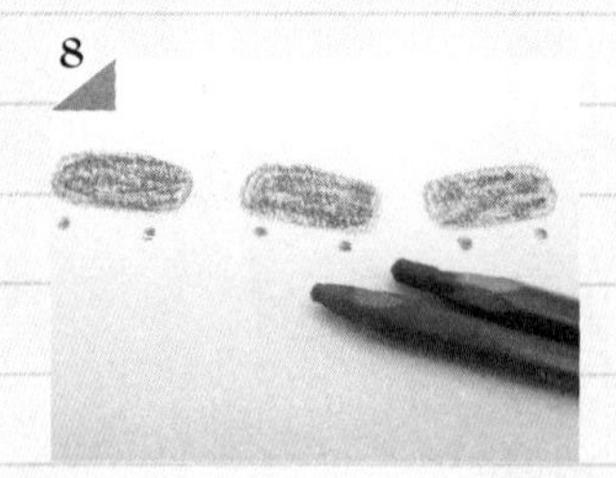

用红、深红色水彩色铅笔画小火车。

9

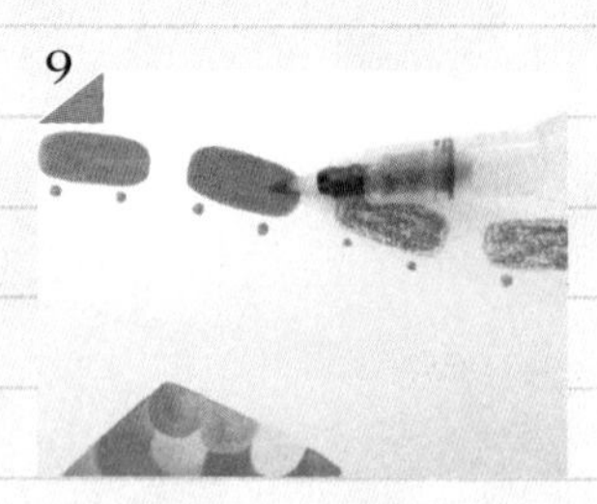

再用水笔晕染开。

10

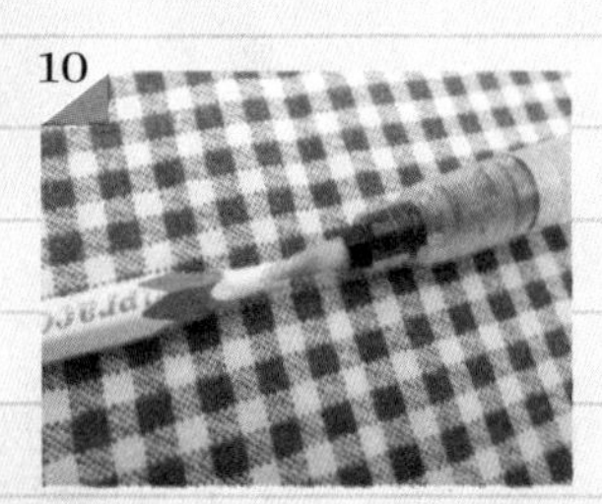

将水笔用卫生纸擦拭干净后，再用水笔直接沾染白色水彩色铅笔上的颜料。

11

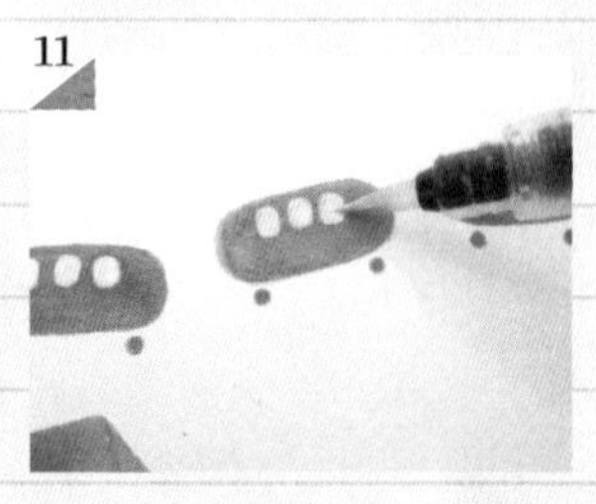

在小火车上，画上白色窗户。

12

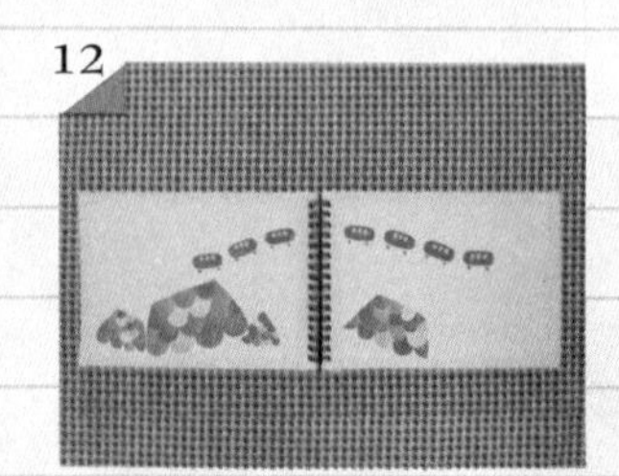

小火车完成。

13

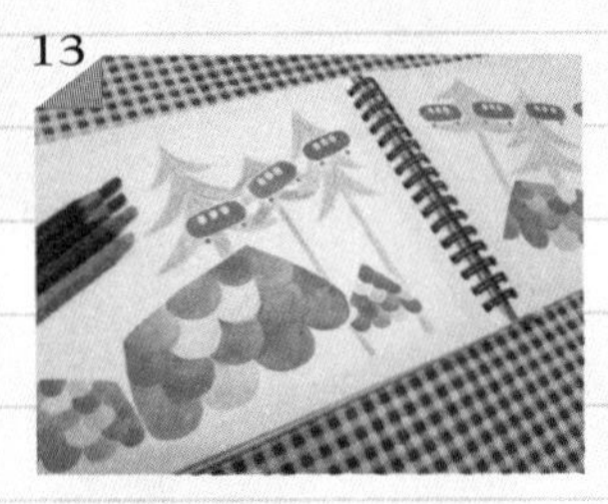

用草绿、绿、深绿、深蓝色水彩色铅笔画树。

14

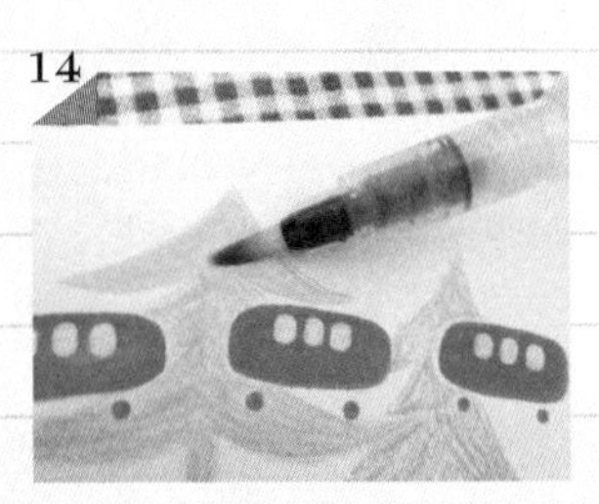

再用水笔晕染开。在晕染下一个不同颜色的树之前，水笔都要先用卫生纸擦拭干净。

15

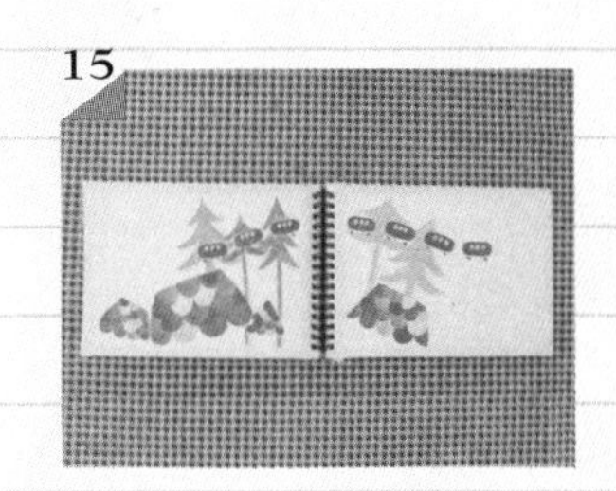

森林完成。

16

用水彩色铅笔在左上角直接描绘德国邻近地图。

17

用黑、红、黄色水彩色铅笔在右上角画上德国国旗，再用水笔晕染开。

18

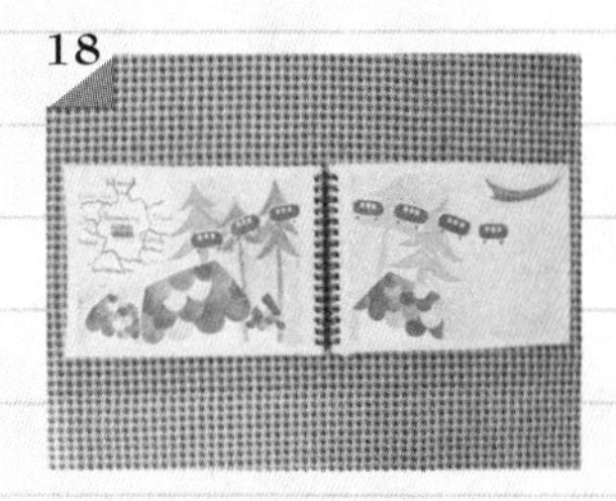

将整体背景晕染上浅绿色。

19

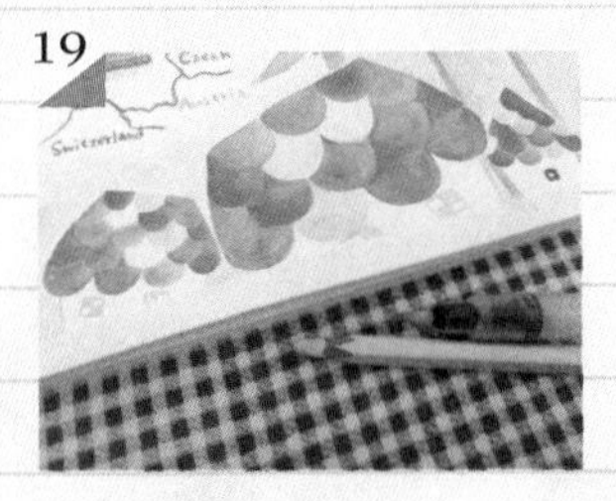

用天蓝色水彩色铅笔及水笔，画上房子的窗户。

20

将德国火车车票，黏在右下角火车下，并黏上德国火车头邮票。

21

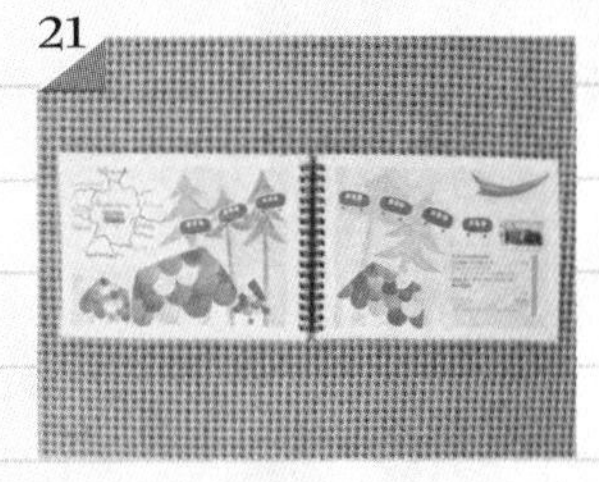

撕下边缘纸胶带，乘着德国火车玩遍德国童话城及童话森林的旅游日记完成。

拥有地图画框的梦幻水彩风旅行挂画

Photo p.77
Design by 克里斯多

1

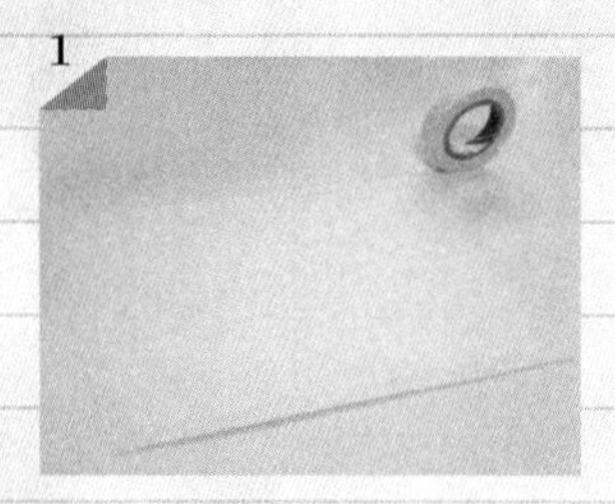

将日本水彩画纸周围用画画用纸胶带贴上。

2

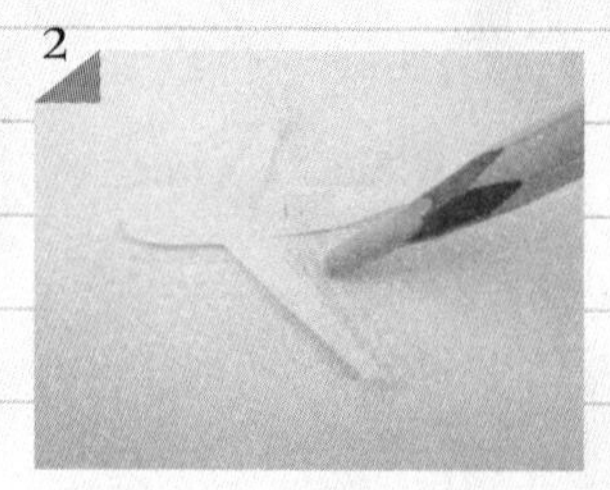

先用白纸剪下一架飞机，再将飞机覆盖在画纸右上角，用天蓝色水彩色铅笔，在飞机周围的画纸上上色。

3

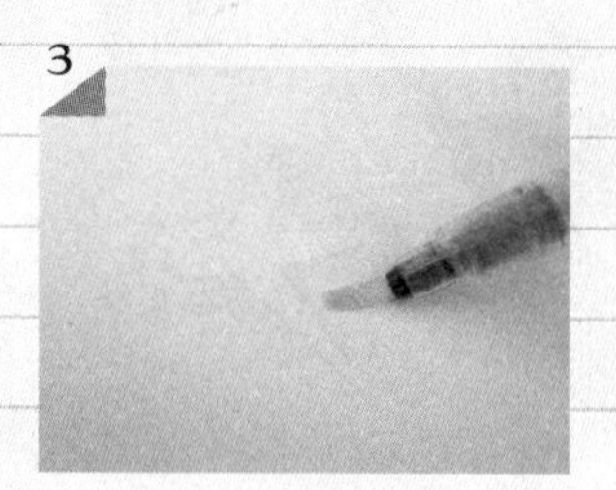

用水笔将颜色晕染开。

4

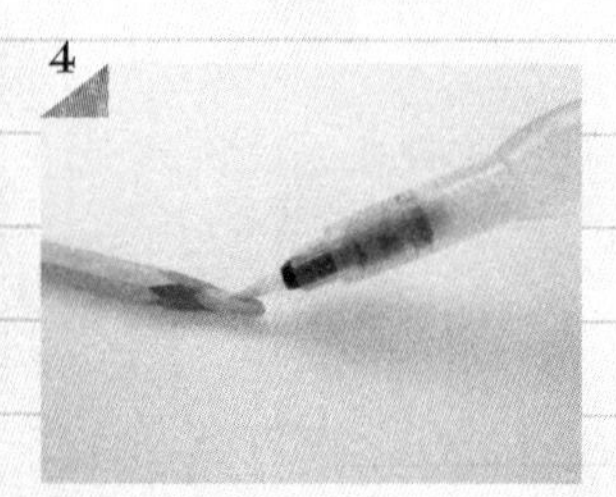

直接用水笔沾染天蓝色水彩色铅笔颜料。

5

在画纸上随意画出天蓝色的天空。

6

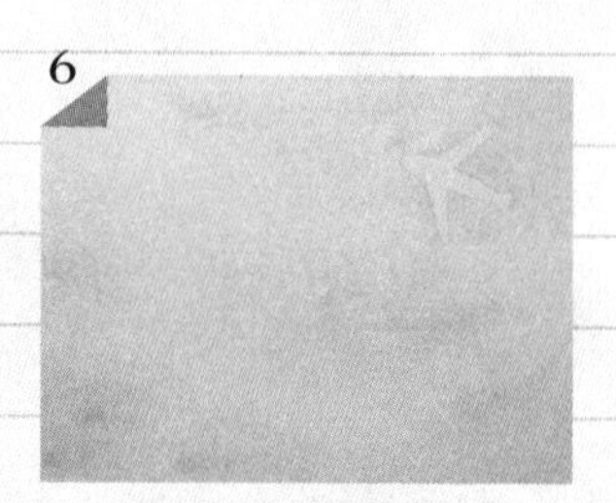

水笔用卫生纸擦拭干净后，再直接沾染粉红色水彩色铅笔的颜料，在画纸天蓝色周围，晕染上粉红色。

7

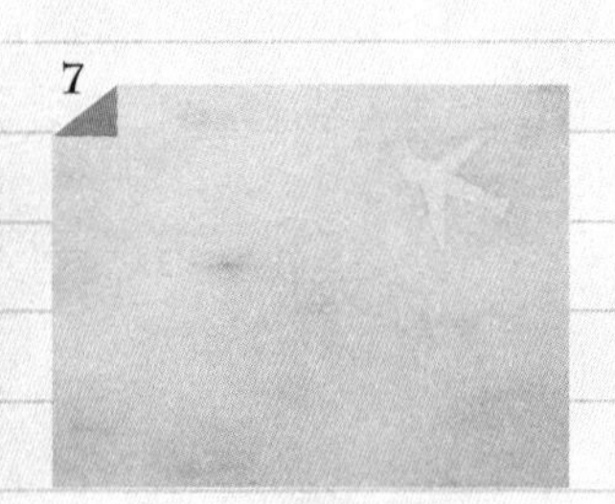

水笔用卫生纸擦拭干净后，在粉红色周围，再晕染上紫色。

8

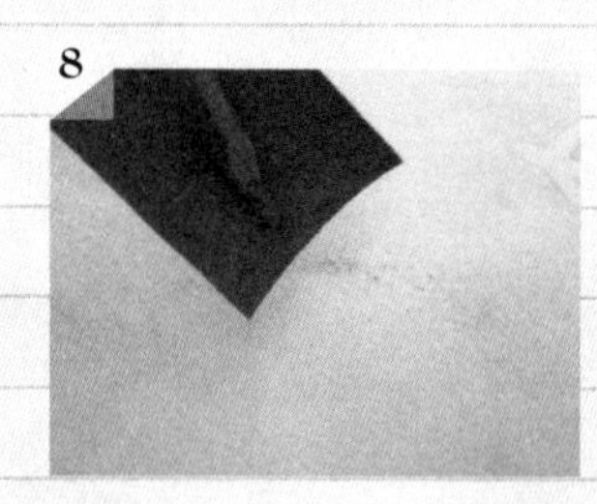

趁潮湿时，在紫色区域用砂纸摩擦紫色水彩色铅笔，产生的粉末洒在纸上。

9

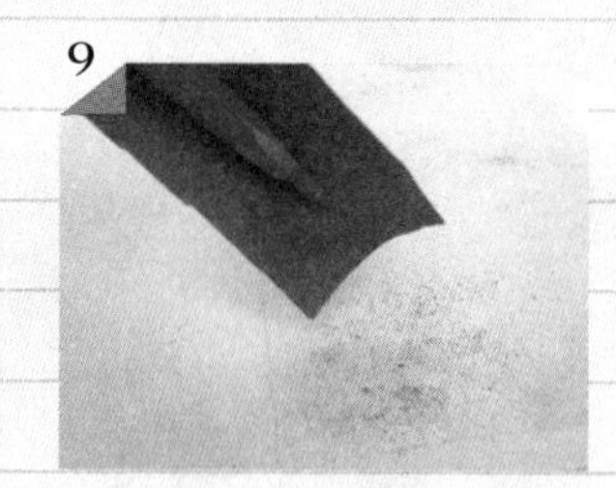

趁潮湿时，在粉红色区域用砂纸摩擦粉红色水彩色铅笔，产生的粉末洒在纸上。

10

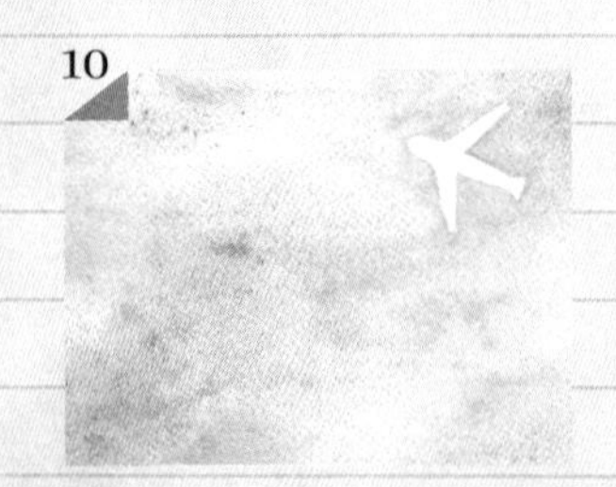

梦幻旅行画完成。

11

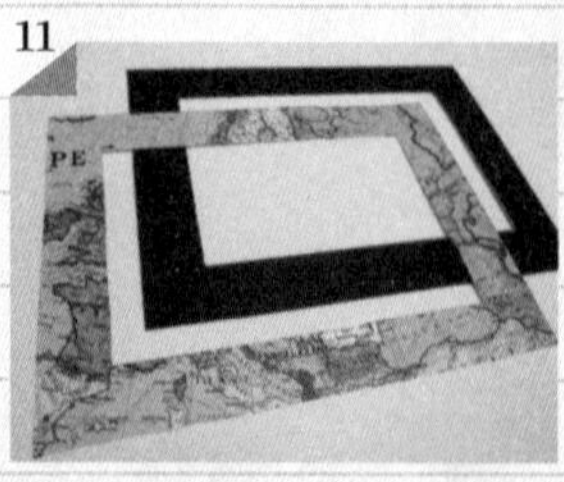

将美国卡纸及地图剪成框框，用相片胶互相黏住。

12

再将完成的梦幻旅行画黏在地图相框背面，最后用牛奶瓶卡黏在挂画背面。拥有地图画框的梦幻水彩风旅行挂画完成。

带着水彩色铅笔去旅行的旅行日记封面

Photo p.80
Design by 克里斯多

1

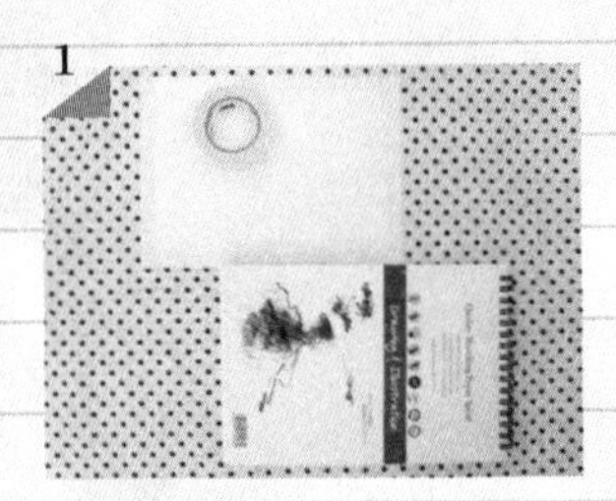

将日本水彩纸裁剪成要制作的旅行日记封面大小，周围黏上画画用纸胶带。

2

用铅笔画出火车及色铅笔铁轨草稿。

3

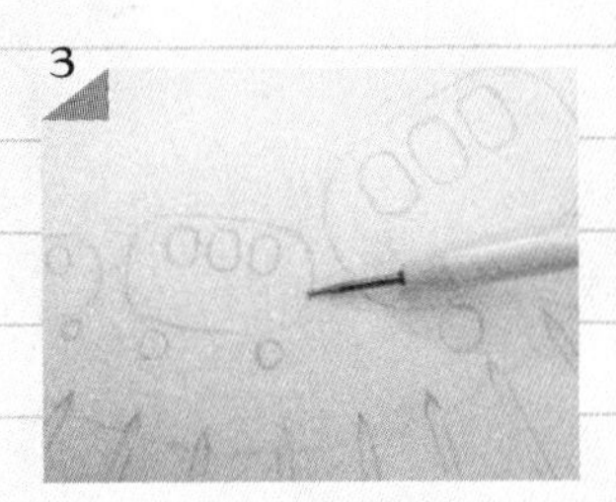

用珠笔压出草稿线条后，将铅笔草稿擦掉，然后依珠笔压出的草稿线条，开始上色。

4

用红、深红、浅咖啡、黑色水彩色铅笔，画红色火车。

5

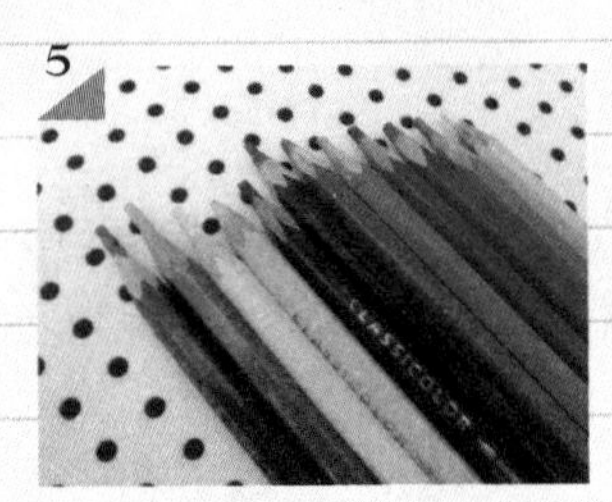

依序用 12 色，黄、橙、红、紫、蓝、绿色水彩色铅笔，画色铅笔铁轨。

6

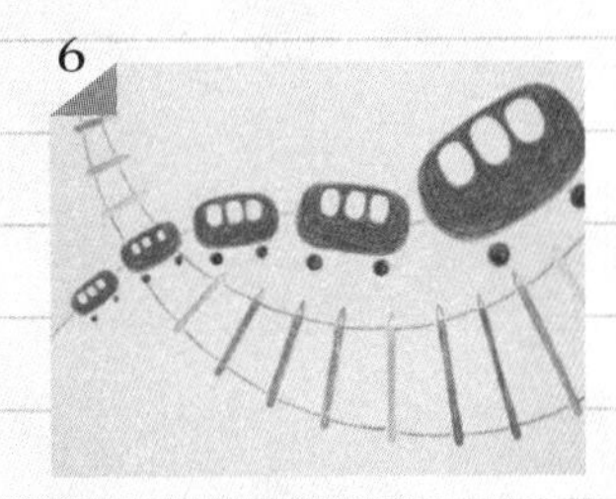

带着水彩色铅笔去旅行的火车画完成。

7

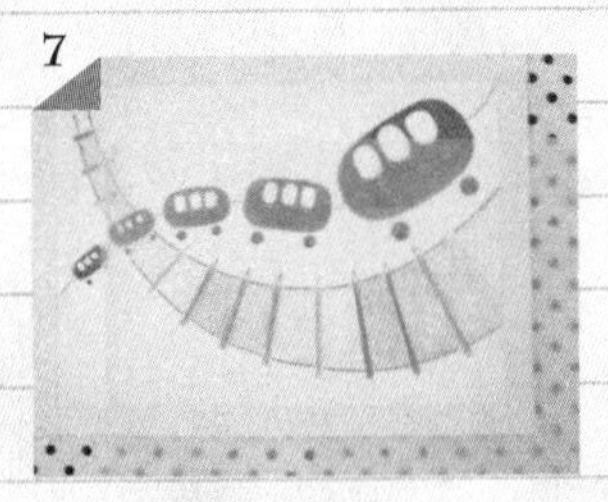

将描图纸裁剪成略小于火车画的大小（大于纸胶带黏贴范围）。

8

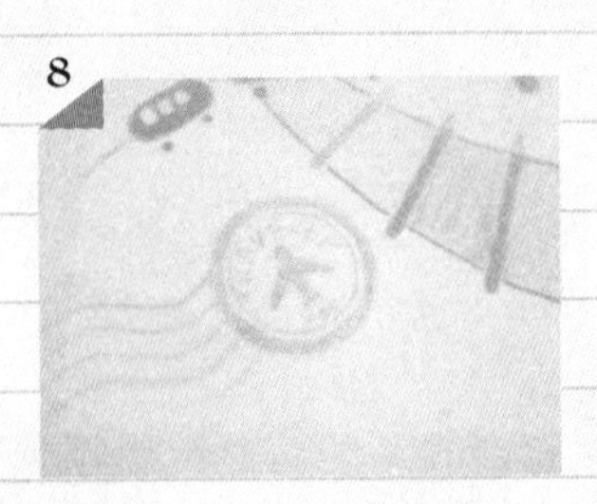

在描图纸左下角，用铅笔画上 TRAVELER 飞机邮戳草稿。

9

用黑色代针笔描绘出邮戳，置干后，将铅笔草稿擦掉。

10

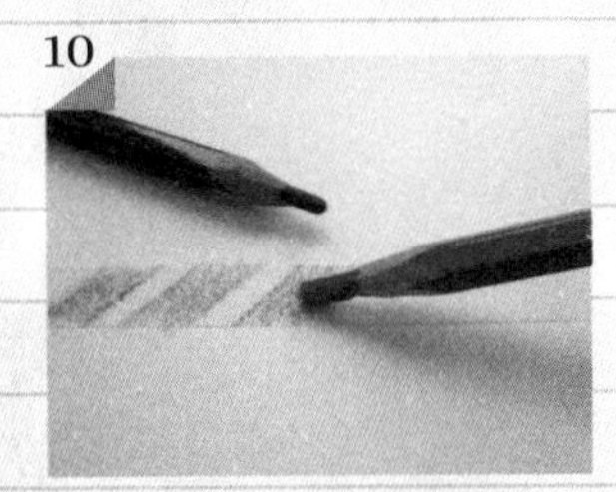

用红、蓝色水彩色铅笔，在画画用纸胶带上，画出航空邮件的红蓝交错边边。

11

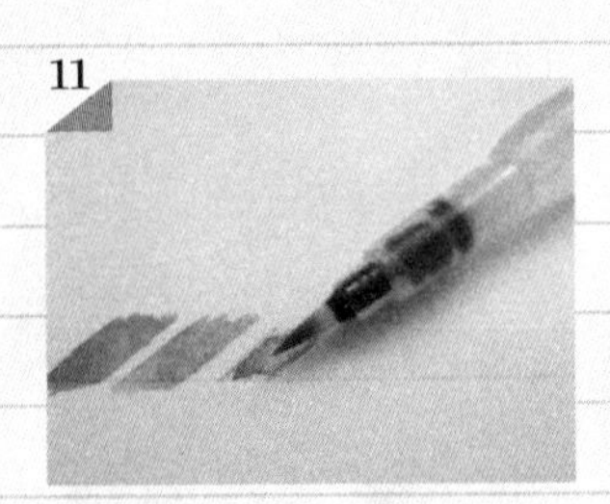

再用水笔晕染开，水彩风航空邮件红蓝边纸胶带完成。

12

将邮戳描图纸用自制的航空邮件红蓝边纸胶带黏在火车画上，像书套一样长久保护火车画。最后再用相片胶将画黏上旅行日记封面即完成。

迷你版的彩色原子笔行程表

Photo p.75
Design by Nydia

1

材料用具：小册子、方格纸、6色原子笔。

2

用蓝色原子笔，并用粗体字的方式写出主题与时间。

3

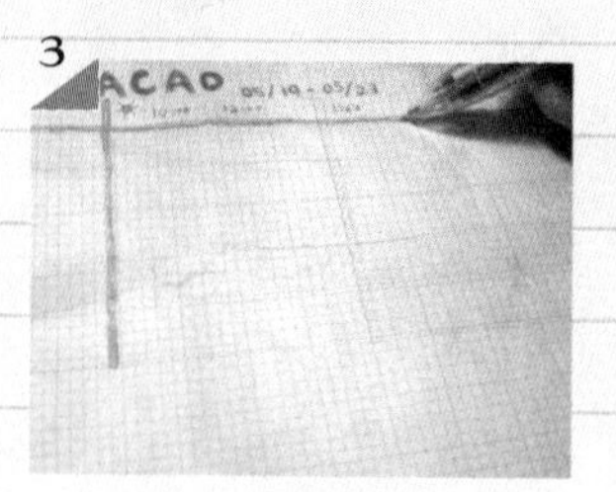

用粉红色原子笔画出网格线。

4

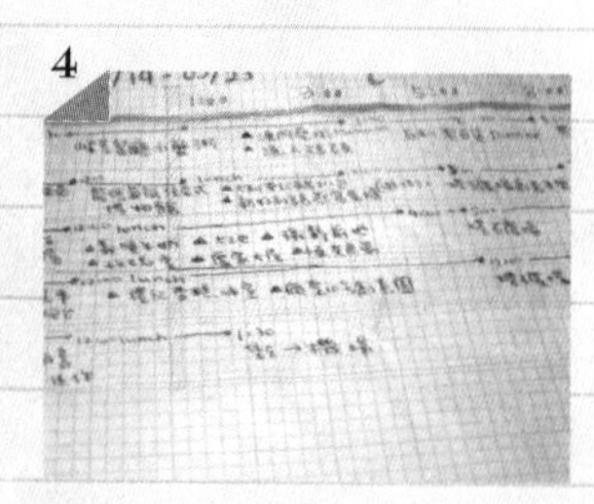

用黑色原子笔写出原本规划的行程。

5

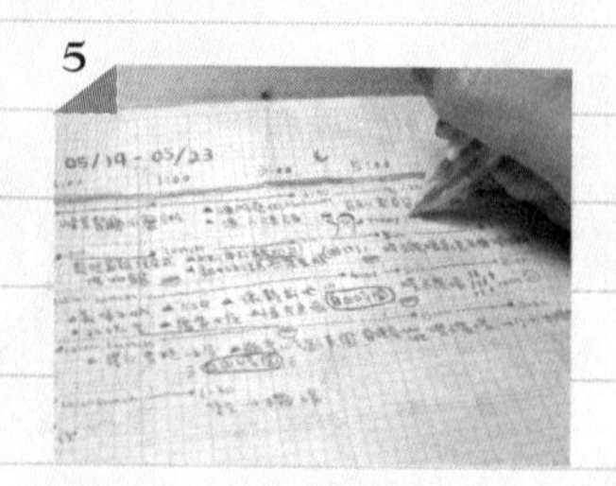

红色原子笔则用来修改或批注。

6

橘色原子笔画出小小旅行符号当装饰，例如自己喜爱的葡式蛋挞标记。

7

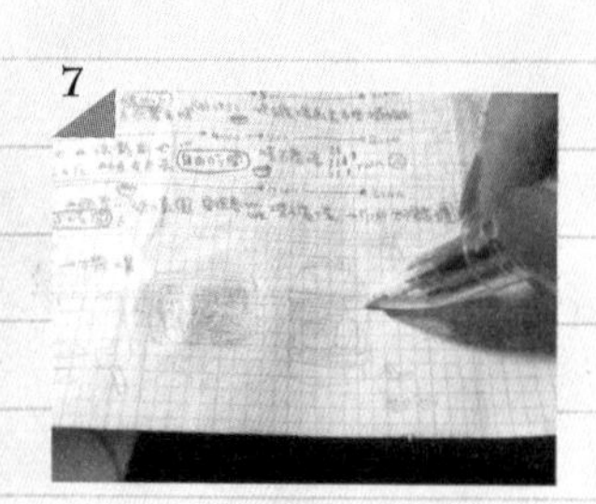

水蓝色原子笔则在空白处加上旅行见到的小插图，与方格纸格纹颜色接近，不影响主要的内容，也让画面不会太混乱。

8

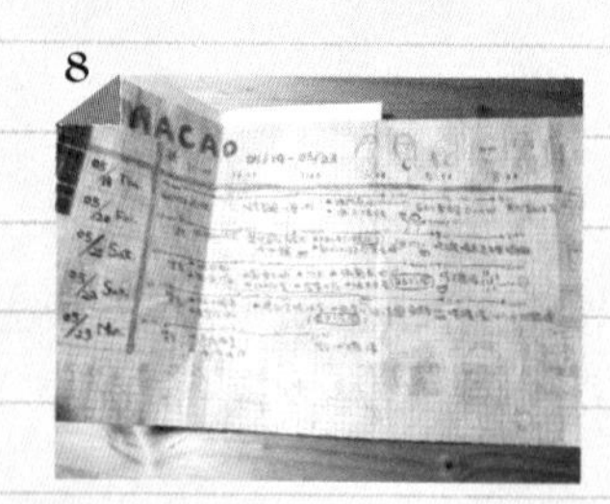

完成彩色的行程表！

9

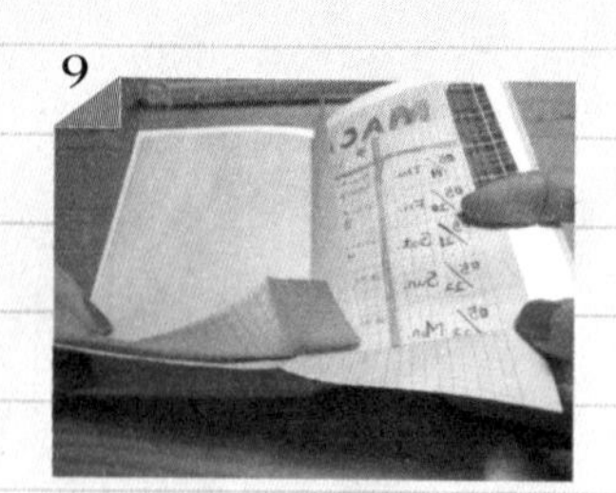

将行程表一边用纸胶带黏于小册子内页中，折叠起来。

10

就可以轻松收纳携带并且方便阅读。

装满旅行回忆的地图信封

Photo p.81
Design by 克里斯多

1

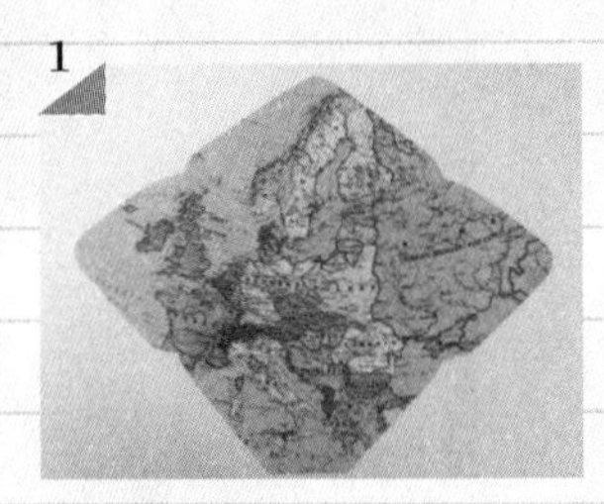

把地图裁剪成信封形状。

2

在地图信封背面用铅笔画上大小行李箱。

3

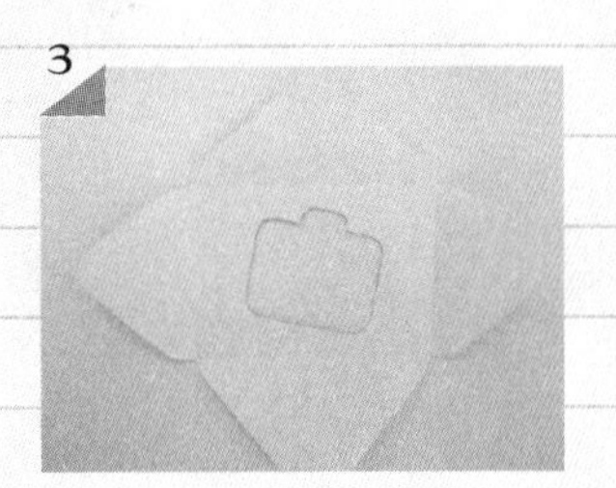

将大行李箱剪下。

4

将地图信封背面用白纸黏上。

5

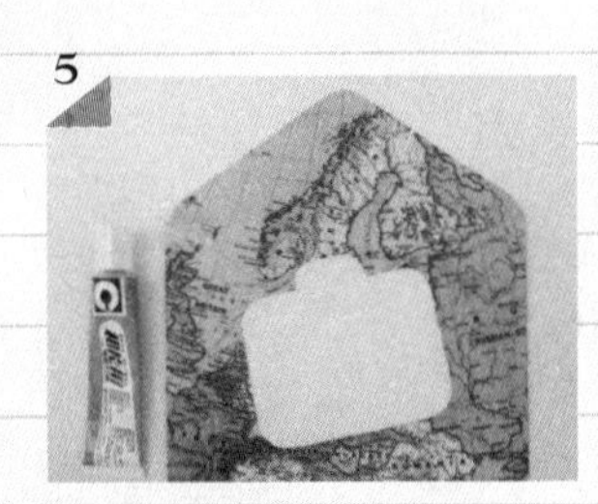

用相片胶将地图信封黏好。

6

用红，蓝色水彩色铅笔，在画画用纸胶带上，画出航空邮件的红蓝交错边边。

7

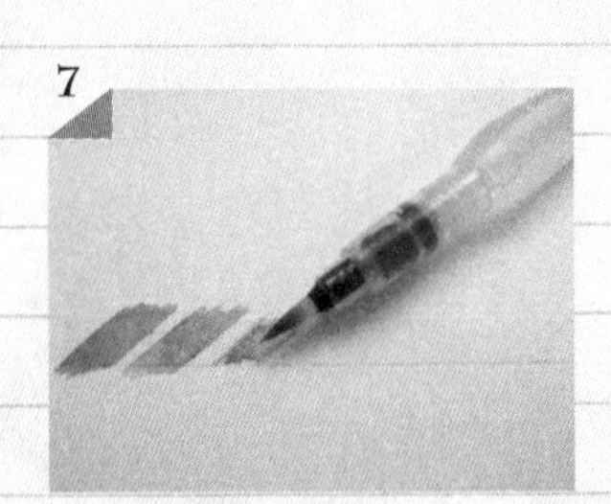

再用水笔晕染开，水彩风航空邮件红蓝边纸胶带完成。

8

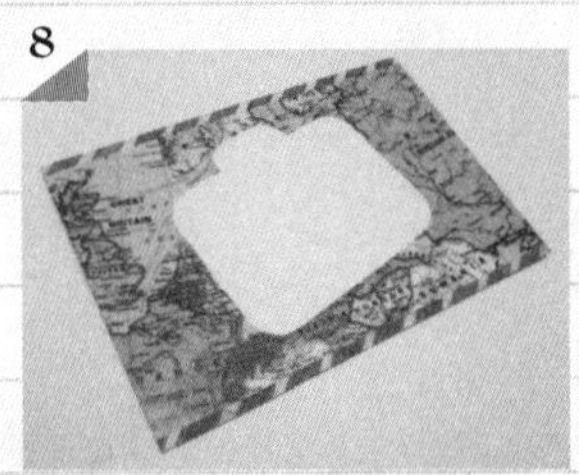

将水彩风航空邮件红蓝边纸胶带裁剪成适当大小，贴在地图信封正面的上下边。

9

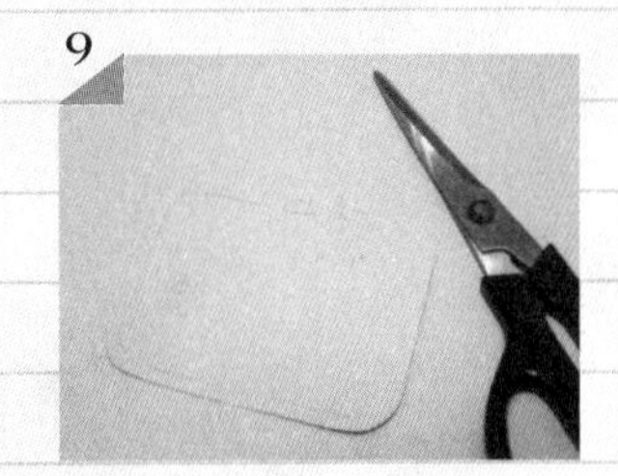

再由一开始由地图信封上剪下的大行李箱上，剪下小行李箱。

10

在小行李箱正面下方贴上水彩风航空邮件红蓝边纸胶带。

11

将小行李箱贴上地图信封正面的大行李箱上即完成。

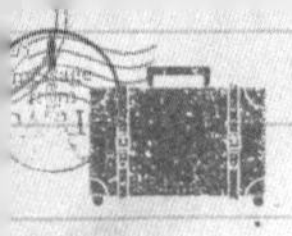

用车票画成的拍立得

Photo p.83
Design by 克里斯多

1

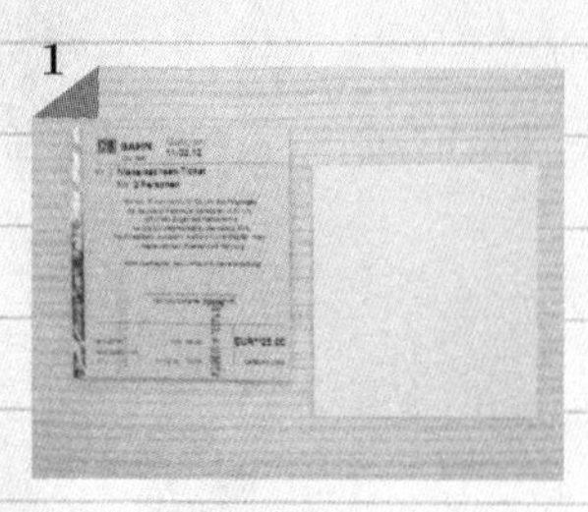

将日本水彩纸裁剪成跟车票一样的大小。

2

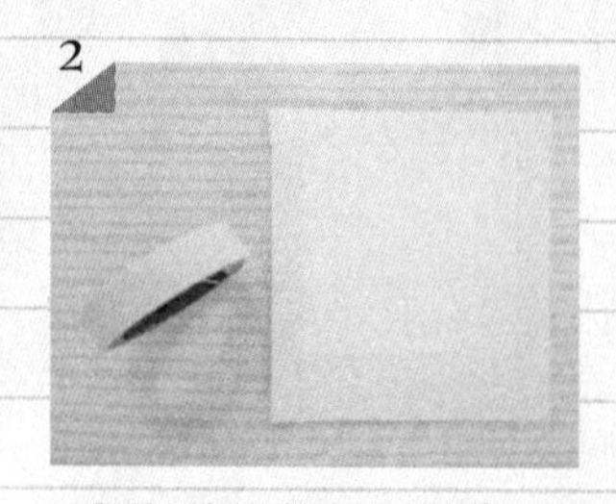

用画画用纸胶带在日本水彩纸上贴出一个正方形。

3

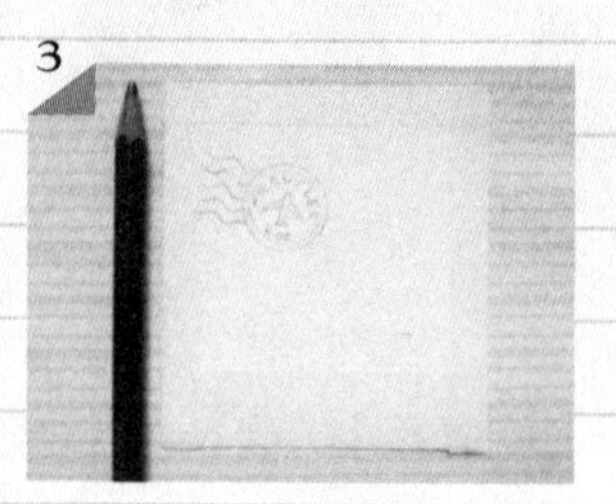

在左上角，用铅笔画 TRAVELER 飞机邮戳草稿。

4

用黑色代针笔描绘出邮戳，置干后，将铅笔草稿擦掉。

5

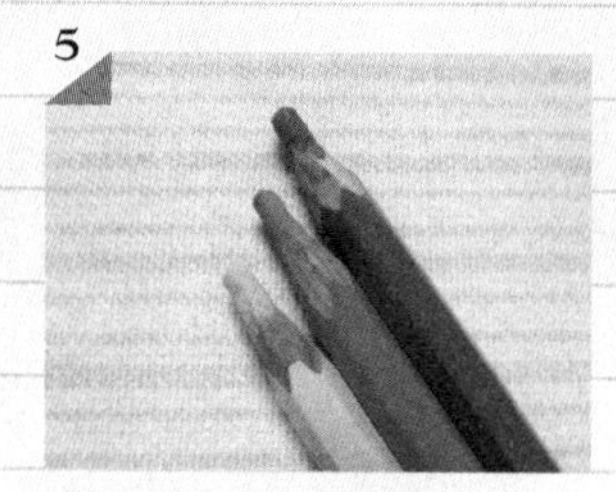

依序用紫、粉红、黄色水彩色铅笔，画夕阳。

6

水笔直接沾染紫色水彩色铅笔上的颜料，由上而下晕染。

7

水笔用卫生纸擦拭干净后，趁紫色部分潮湿时，紧接着中间用粉红色晕染。

8

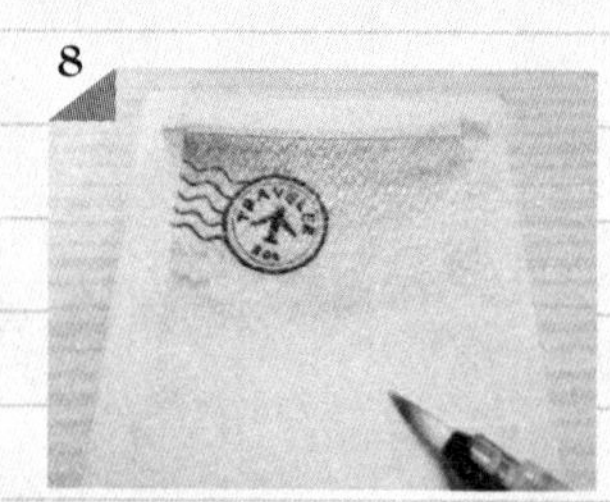

水笔用卫生纸擦拭干净后，趁粉红色部分潮湿时，紧接着将最下面用黄色晕染，夕阳完成。

9

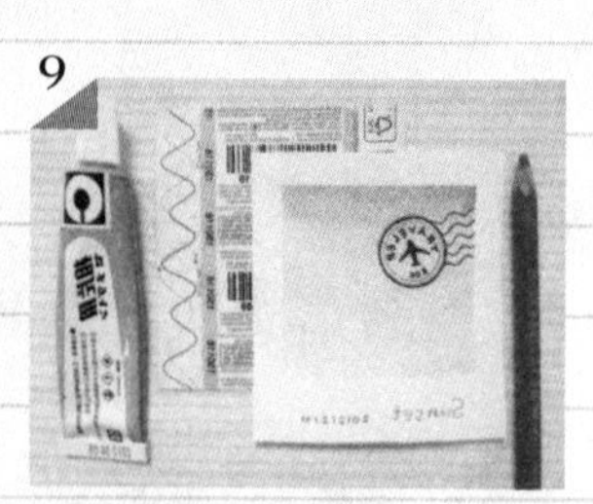

将纸胶带撕除后，最下面用水彩色铅笔写上想写的话及日期，最后再用相片胶将拍立得画黏上车票背面即完成。

水彩色铅笔与地图，点点点出伦敦双层巴士明信片

Photo p.84
Design by 克里斯多

1

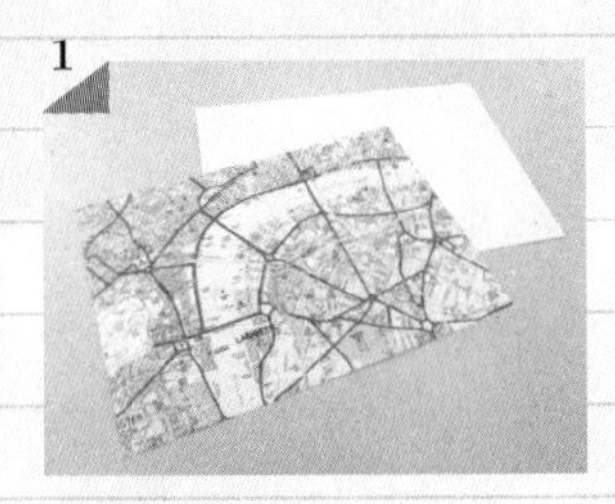

将伦敦地图及白色书面纸裁剪成明信片大小。

2

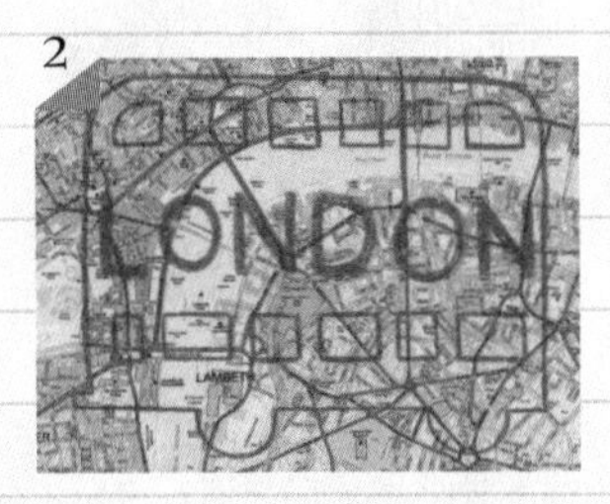

用红、蓝色水彩色铅笔，在伦敦地图上画上 LONDON 及双层巴士底稿。

3

依序使用红、深红、紫、粉红色水彩色铅笔，画双层巴士。

4

直接将水彩色铅笔沾水。

5

在伦敦地图上点点点。

6

依序使用红、深红、紫、粉红色水彩色铅笔，一层层沾水点点点不断交叠画双层巴士。

7

红色双层巴士完成。

8

使用天蓝、蓝、深蓝色水彩色铅笔，画 LONDON。

9

依序使用蓝、深蓝、天蓝色水彩色铅笔，一层层沾水点点点不断交叠画 LONDON。

10

将白色书面纸黏贴于伦敦地图背后增加厚度即完成。

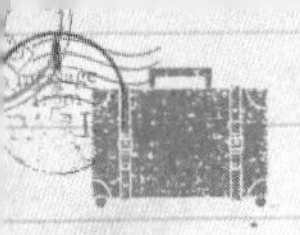

为回忆好好裱框

Photo p.104
Design by Rosy

1

准备木制相框、白色亚克力颜料、英文报纸。

2

把英文报纸剪成小方块或长条，用白胶随性地贴在相框上。

3

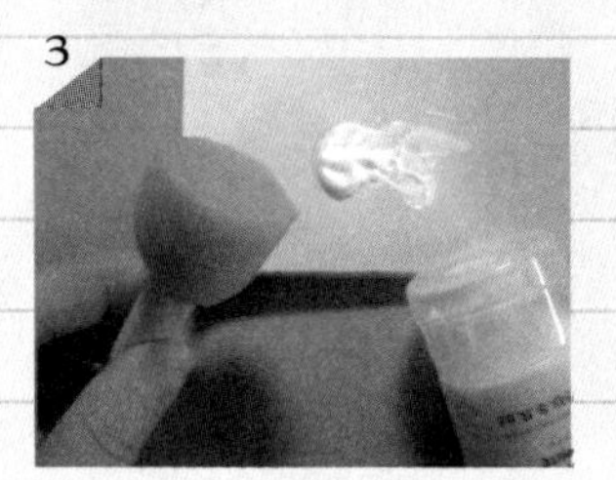

用海绵刷沾取白色亚克力颜料。

4

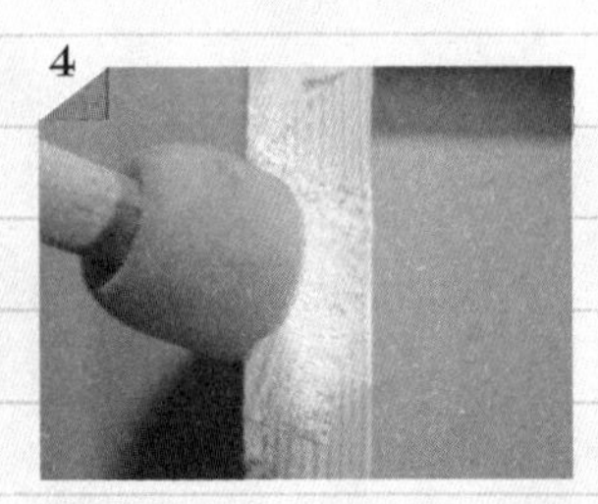

把颜料拍打在相框上，可以制造出雾面的质感，直到整个相框涂成白色。

5

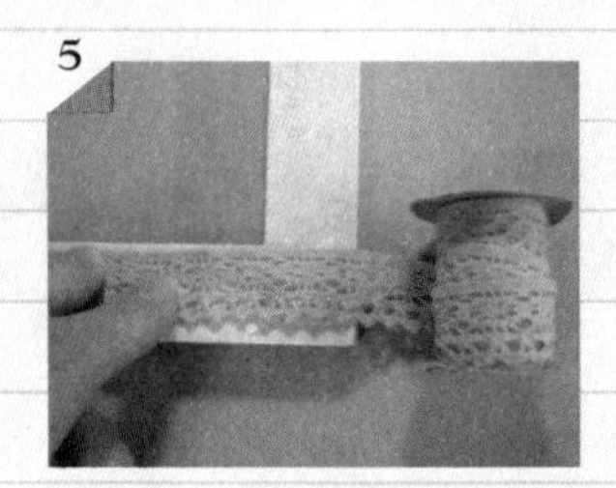

把蕾丝缎带剪下适当的长度，黏贴在相框底部。

6

买了一直没有用的绣片，就贴上来装饰相框吧！蝴蝶和小花能增添浪漫的气质，这样就完成了！

旅行记录章

Photo p.137
Design by 大宇人

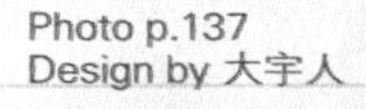

1

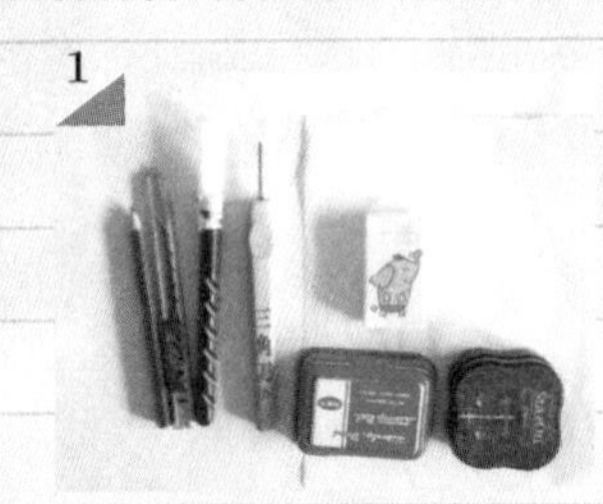

材料：描图纸、橡皮擦、笔刀、雕刻刀、印台。

2

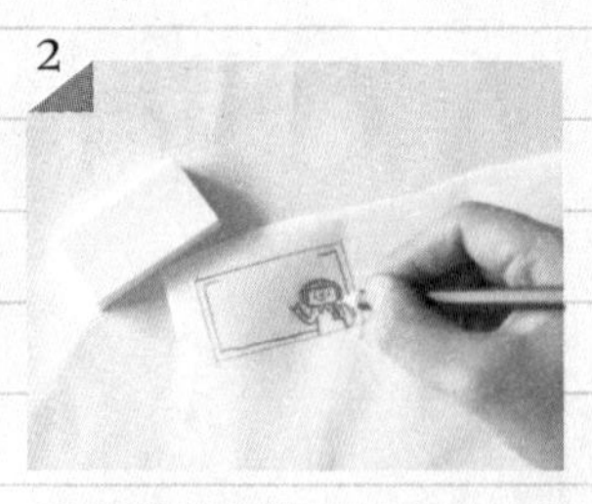

用 2B 铅笔在描图纸上画上喜欢的图样，可以特别注明日期、地点和天气。

3

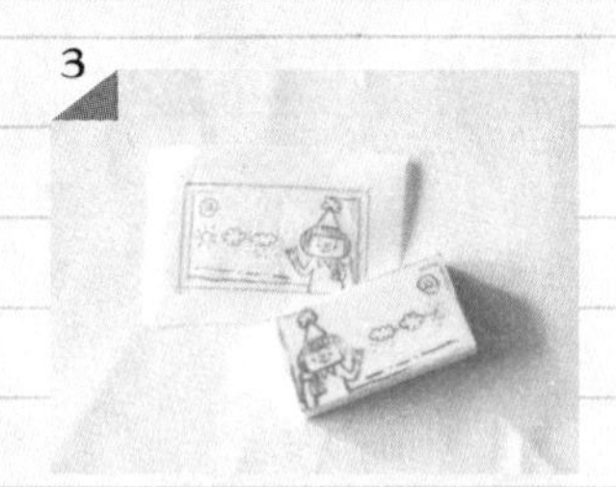

描图纸翻面过来，将铅笔笔迹拓印在橡皮擦上。

4

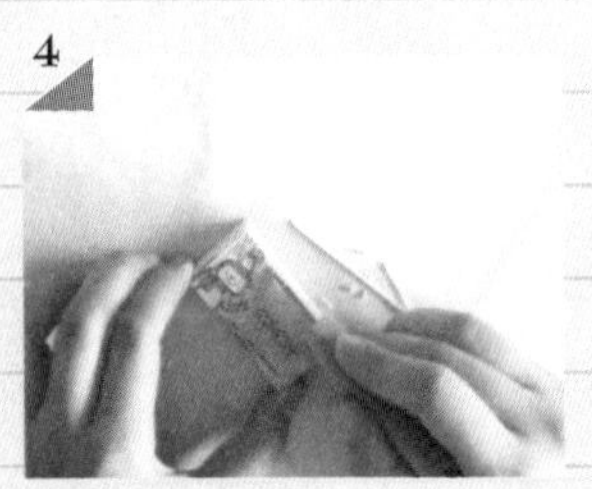

拿出雕刻刀把空白的部分去除，细微的部分可以用笔刀辅助；留下线条的部分。

5

完成印章，只要盖在纸上，就可以记录旅行地点、天气和日期了！

欧洲邮局 mark 明信片夹

Photo p.102
Design by 小西

1

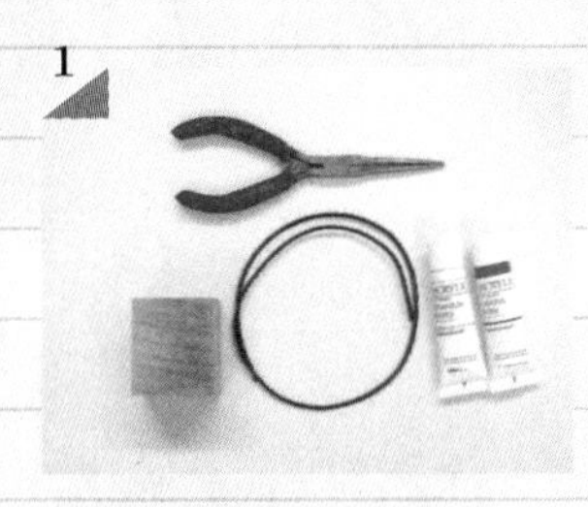

铝线、木块、亚克力颜料。

2

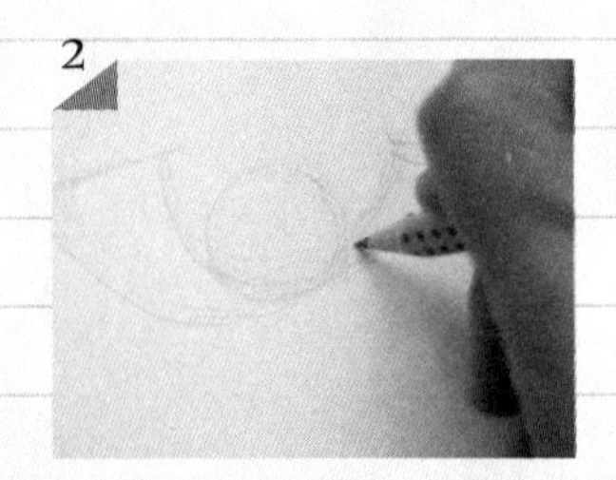

在纸上先画下 mrak 的形状。

3

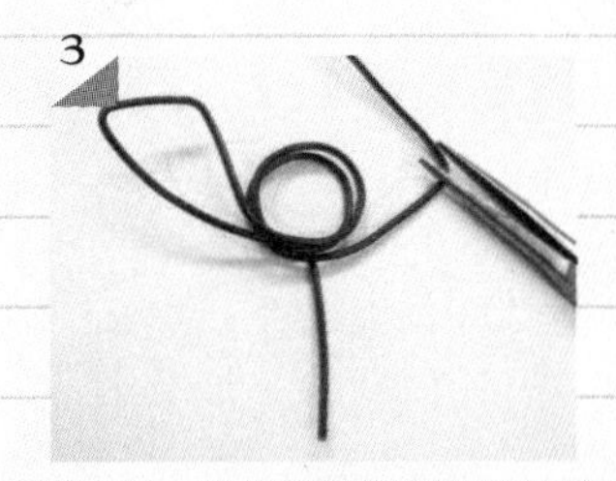

沿着画好的版型，以尖嘴钳扭折铝线塑形。

4

用亚克力颜料将木块涂成红色。再用白色颜料画上post的图样。

5

在木块顶部中央钻出个凹槽。

6

将塑形好的铝线插脚涂抹粘着剂，插入凹槽即可。

可爱点点收纳袋

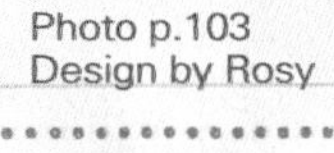

Photo p.103
Design by Rosy

1

准备好透明夹式收纳袋、亚克力颜料、水彩笔、透明喷画胶膜。

2

用水彩笔沾取各色亚克力颜料，涂抹再喷画胶膜的表面，也可用刷子或海绵拍打来制造质感。

3

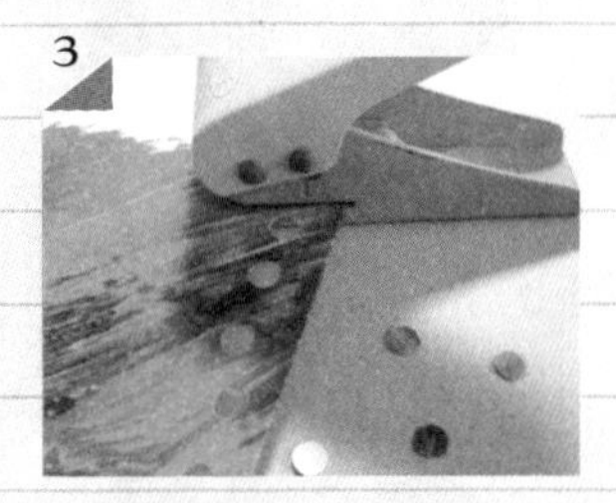

等颜料干了之后，用打洞器在喷画胶膜上打出多个洞洞。

4

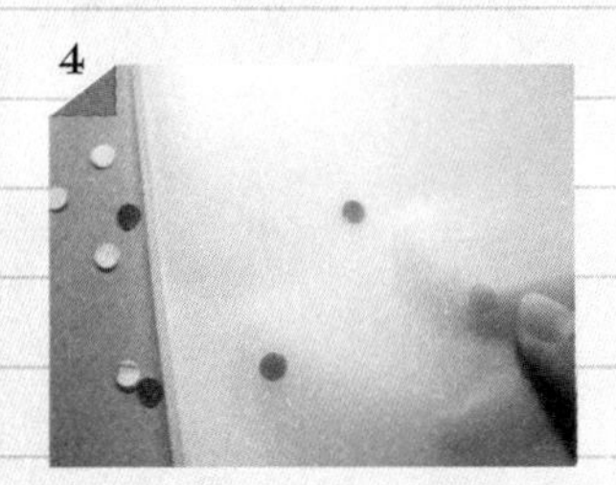

刚刚打出的小圆纸片，就变成一个个小贴纸，撕下胶膜黏贴在收纳袋的内侧。

5

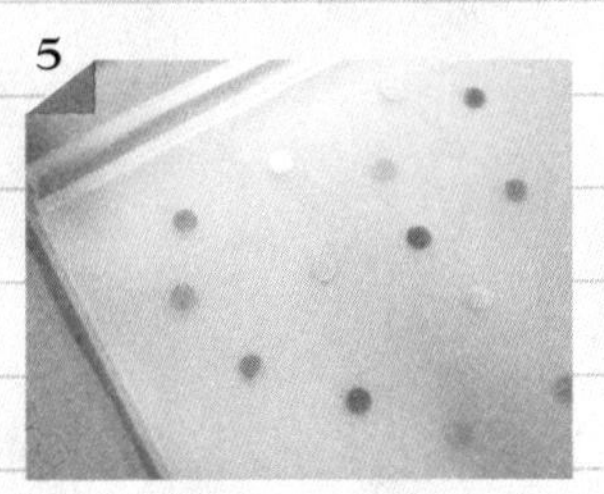

在袋面贴满彩色的小圆点，这样原本普通的透明袋子就会变得缤纷又可爱啰！想贴出花朵或其他图案，也可以自己设计呢！

相遇那刻的旋律——唱片留言版

Photo p.106
Design by 杂粮面包

（步骤一）配件：

1

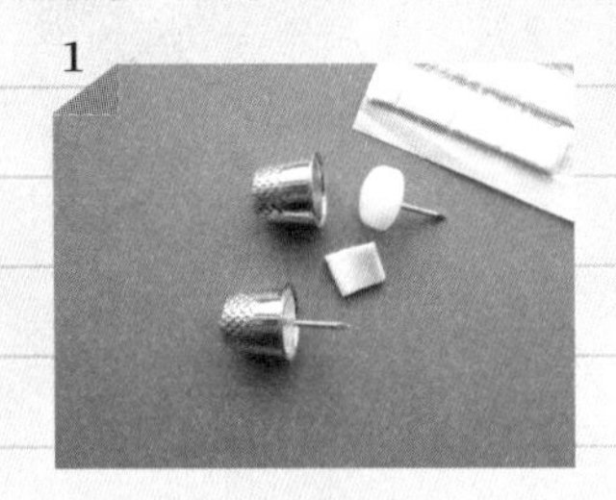

结合金属顶针与家具塑料脚垫，制作出音量旋钮。

2

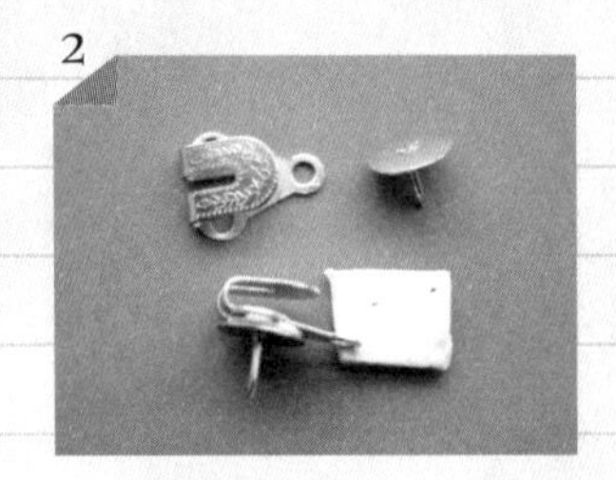

结合图钉、金属裙钩暗扣与油画画刀，制作唱针。

3

将铝罐裁剪成小金属片，搭配纸胶带作为装饰。

（步骤二）黑胶唱片：

1

以软木塞锅垫制作黑胶唱片，表面以亚克力颜料均匀上色。

2

黑胶唱片背面以泡棉双面胶垫高，并黏贴于底座。

3

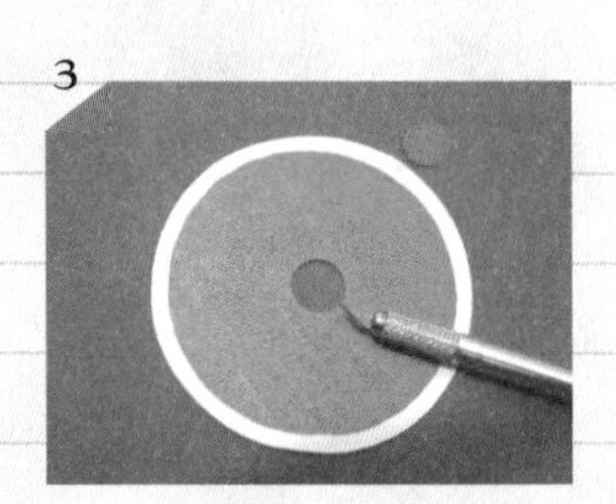

以圆规刀切割卡纸制做唱片标签贴纸，并以纸胶带装饰。

（步骤三）底座：

4

唱片标签纸置于软木塞黑胶唱片上。

1

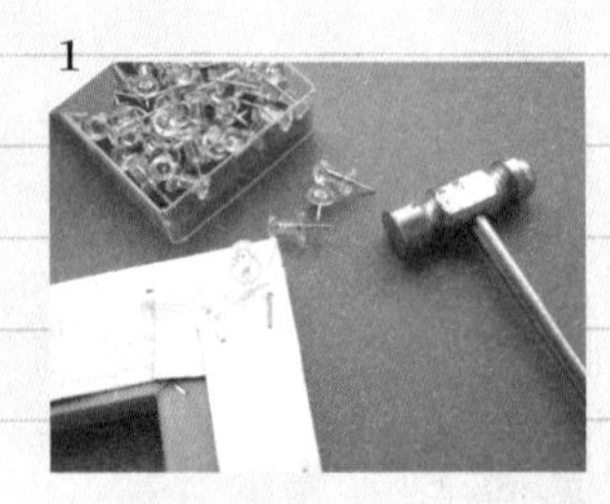

于三号画布背面四角，钉上美式图钉作为基座。

2

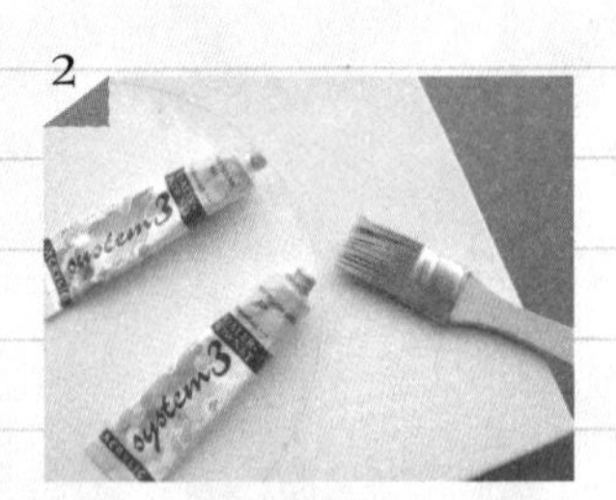

先上浅黄亚克力颜料打底，再以深黄增加层次感。

3

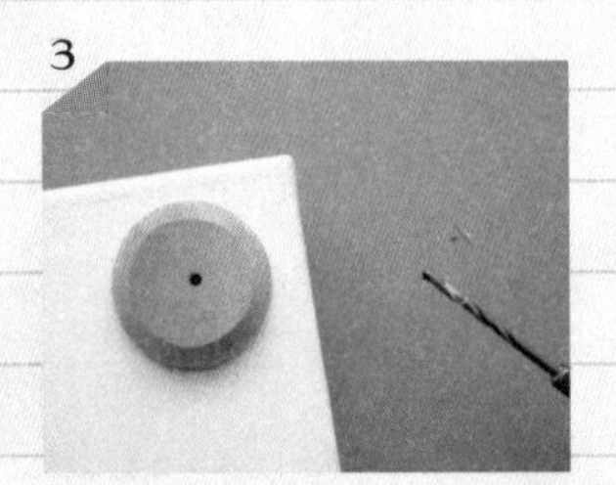

取圆形木片作为唱针底座，在画布上定位并钻孔。

4

唱针底座以黑色亚克力颜料均匀上色，以白胶黏合。

一卡皮箱的记忆——手提箱壁饰

Photo p.107
Design by 杂粮面包

箱面：

1

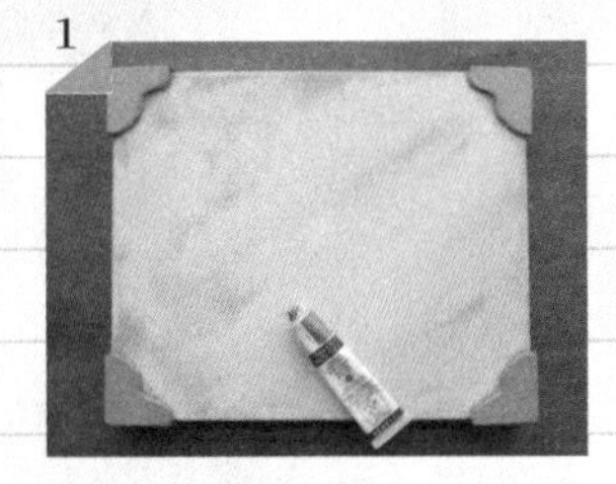

先以亚克力颜料上色，再以湿布涂抹增加不同质感。

2

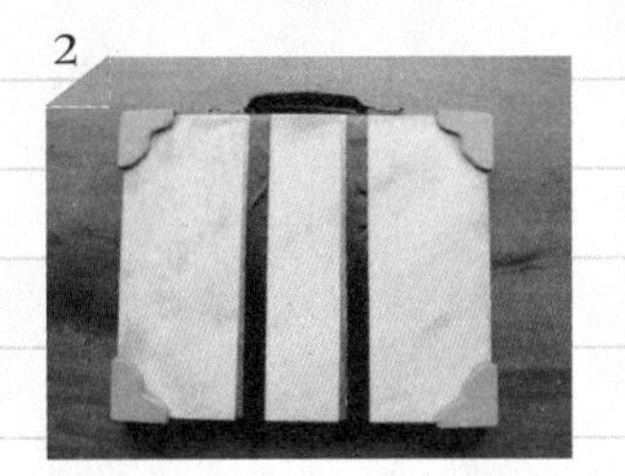

组装提把与扣带配件。

3

搭配旅行风格的纸胶带与金属配件，就可以出发旅行啰！

提把配件：

1

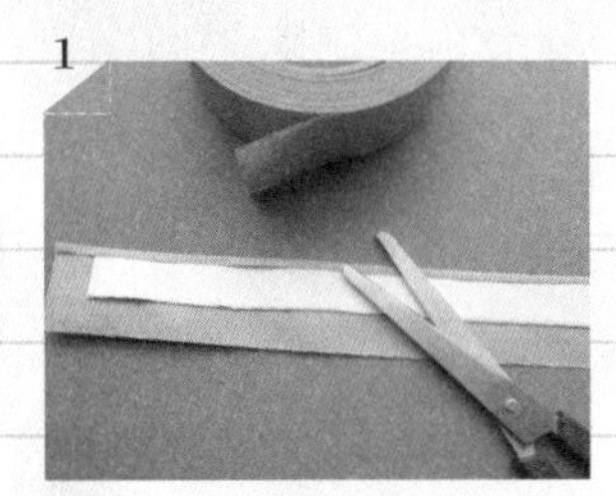

将厚卡纸裁切成长条状，以牛皮纸纸胶包裹修饰。

2

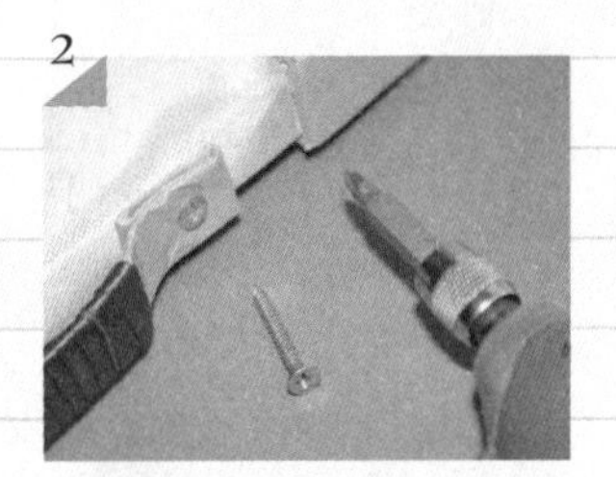

手提把两端对称折叠，以螺丝锁于画布边框。

3

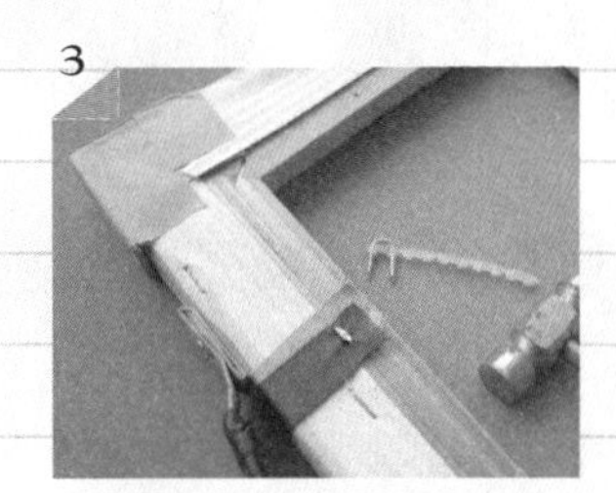

缎带手缝出缝线质感，以夹线钉固定于画布边框。

边饰：

1

以描图纸勾勒边饰轮廓，并转绘于厚卡纸之上。

2

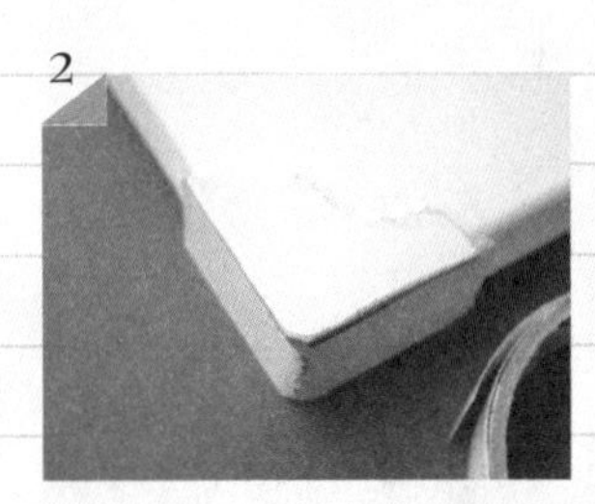

厚卡纸裁切后，以双面胶黏合组装于画布边角。

3

以牛皮纸纸胶包裹修饰。

4

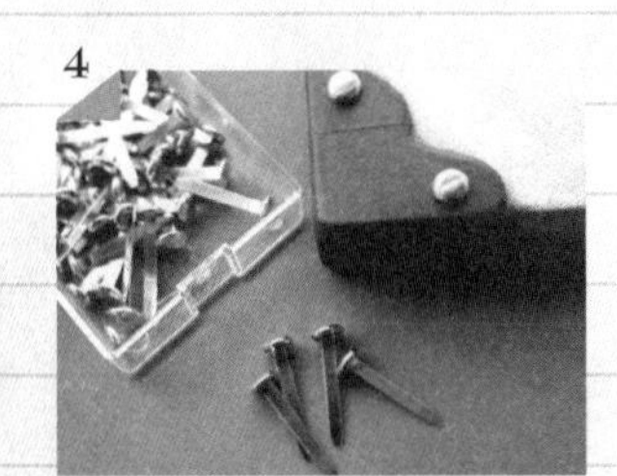

以亚克力颜料上色，并搭配双脚钉装饰。

DM 的收据收纳

Photo p.120
Design by Nydia

1

材料用具：DM、收据、剪刀、刀片、纸胶带。

2

DM 以对折的方式呈现内页与封面两面。

3

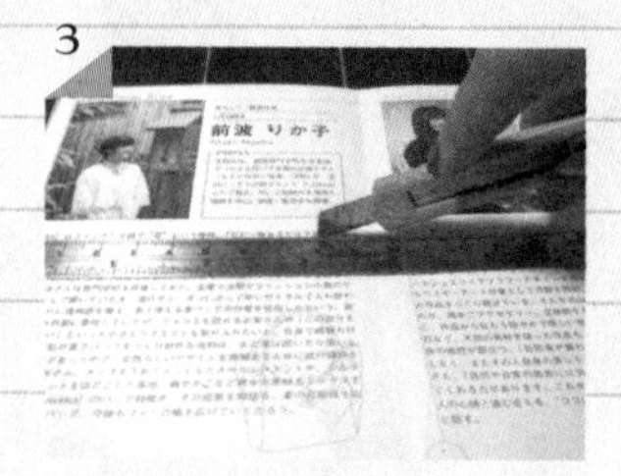

将 DM 摊开，在内页开一个收据可以放入的切口。

4

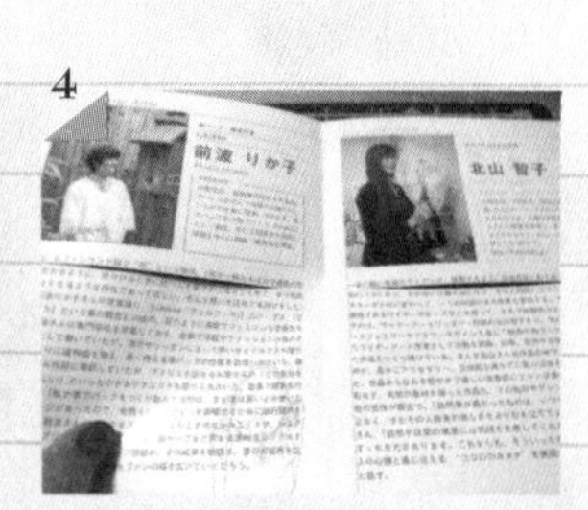

两边都开切口。

5

恢复原本折页的样子。

6

把收据放入切口中。

7

将 DM 再对折，封面一边黏上纸胶带。

8

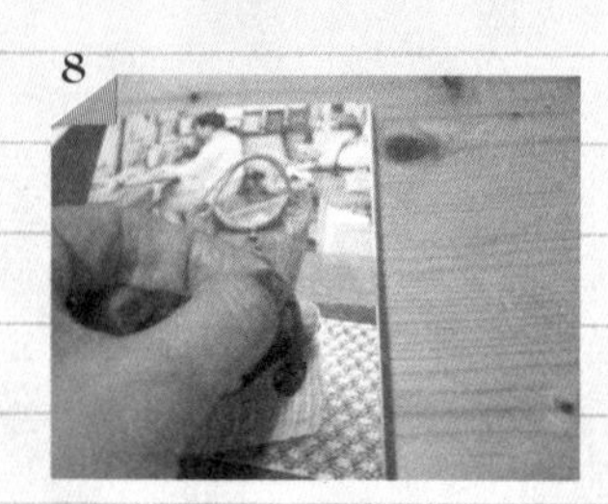

把纸胶带当做文件夹的封口。

9

完成。

花草信纸轻松做

Photo p.121
Design by Rosy

1

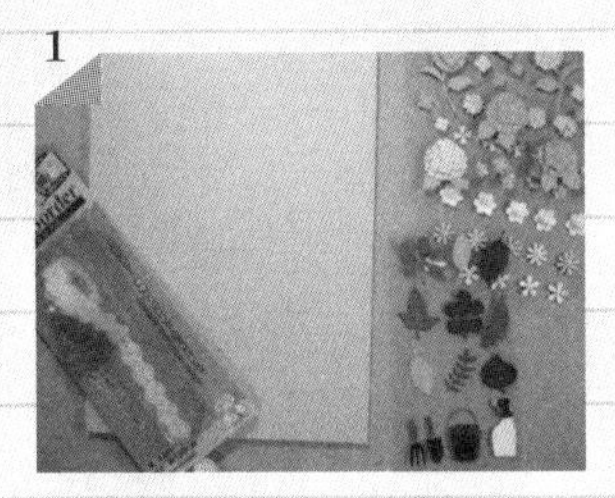

准备好素色的空白信纸，几款花草样式的手工贴卡和蕾丝纸缎带。

2

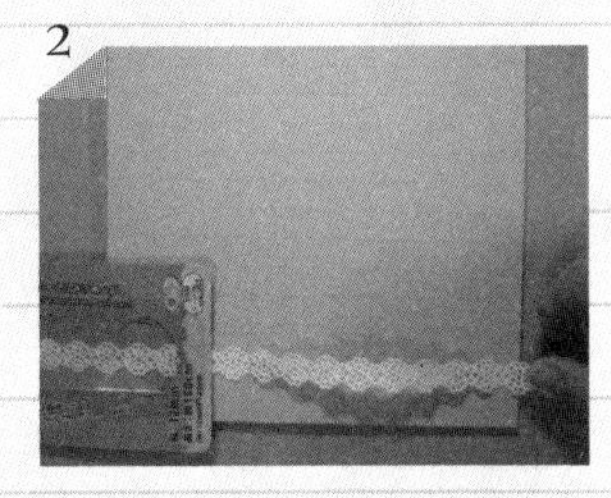

首先把蕾丝纸缎带剪下适当长度，贴在信纸下方。

3

在信纸角落贴上几朵绣球花贴纸做装饰。

4

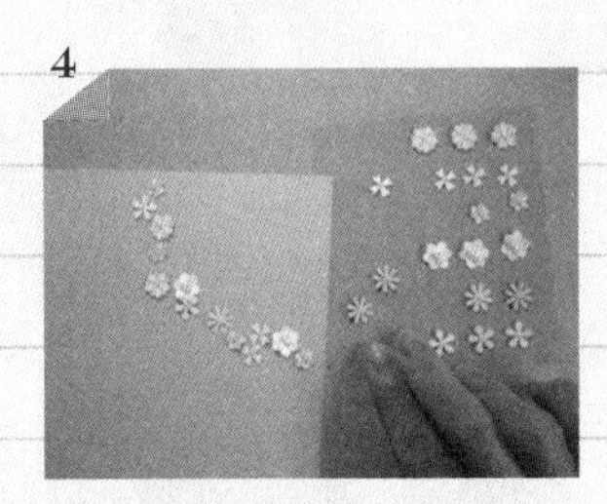

制作花圈时，先把黄色小花的贴纸，贴成一个圆弧的形状。

5

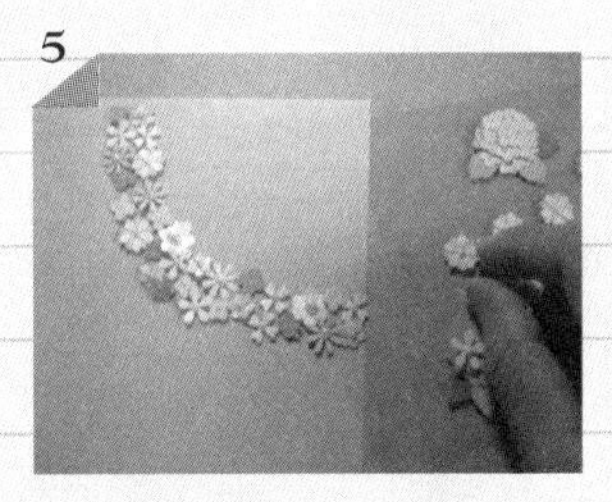

再慢慢一朵一朵的，用花朵贴纸把圆弧的缝隙贴满，就会呈现花圈的形状。

6

可剪下色纸、格子纸片，写下“miss you”，贴在花圈里。

7

另外制作一款绿叶版本，用和刚刚一样的方法。

8

最后把形状美好的银杏叶，用纸胶带贴在信纸上，一起分享给远方的朋友吧！

拼贴京都盒子

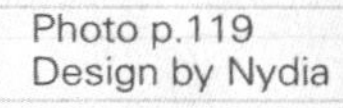

Photo p.119
Design by Nydia

1

材料用具：旅行搜集的纸张或纸袋、盒子、剪刀、相片胶、猪皮胶、泡棉胶。

2

测量盒子侧边的长宽尺寸。

3

裁切出盒子侧边的包装边条。

4

黏贴盒子侧边。

5

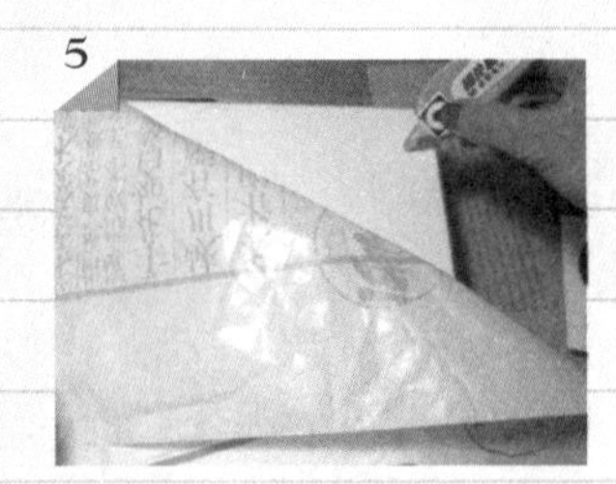

拿大一点的包装纸黏贴盒面。

6

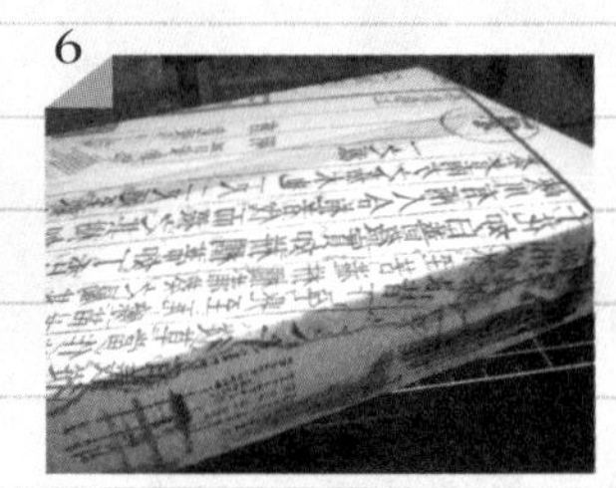

可以将包装纸撕成不规则状，往下折，黏贴到盒子侧边。

7

盒面拼贴自己喜爱的图案的图案。

8

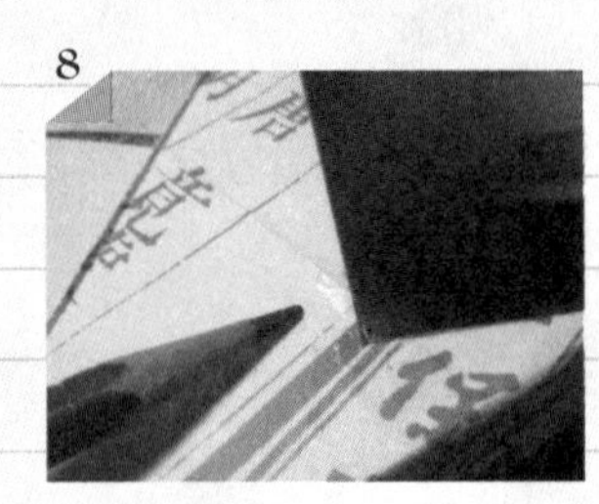

照片中色铅笔指的一处，是在剪贴中容易出现的残胶。

9

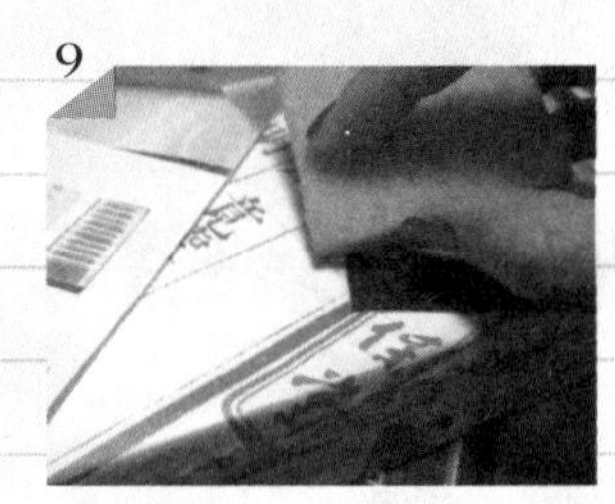

去除残胶的方法：等胶水半干时（太湿或太干时去除，容易破坏纸面），可以用猪皮胶轻推，残胶会黏成一小块或附着在猪皮胶上，即可轻松去除。

10

再贴一层可爱的小纸片。

11

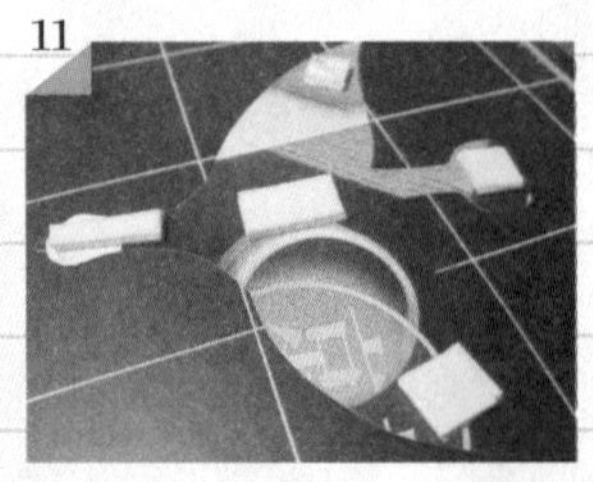

剪下产品型录上的图案，在背面黏上泡棉胶。

12

用红色纸胶带拼接出一段宽版红色胶带。

13

剪下包装纸的小卷标图案。

14

将小标签黏贴在纸胶带上，并沿着图案剪出红色的外框。

15

最后黏贴在盒面一角后即完成。

漫步虚实间的梦境——树影壁饰

Photo p.108
Design by 杂粮面包

（步骤一）前景：

1

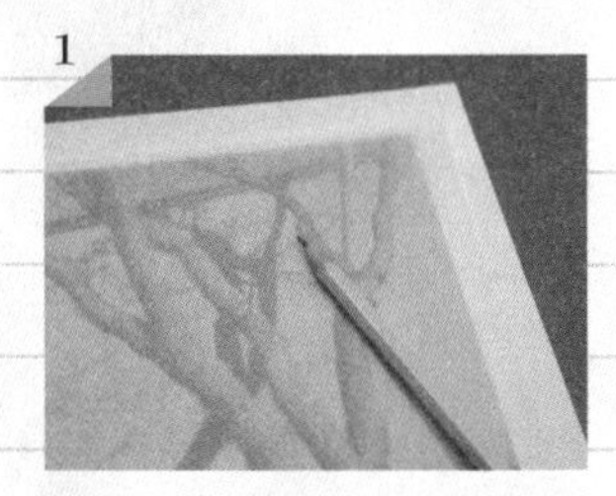

以描图纸勾勒出前景之树形轮廓。

2

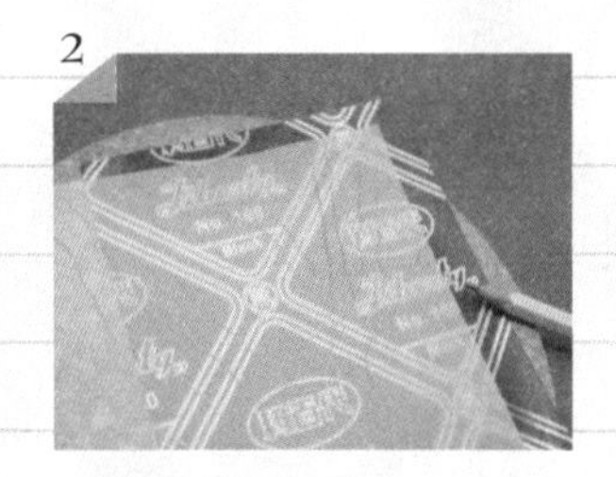

配合复写纸，将树形轮廓转绘于软木垫上。

3

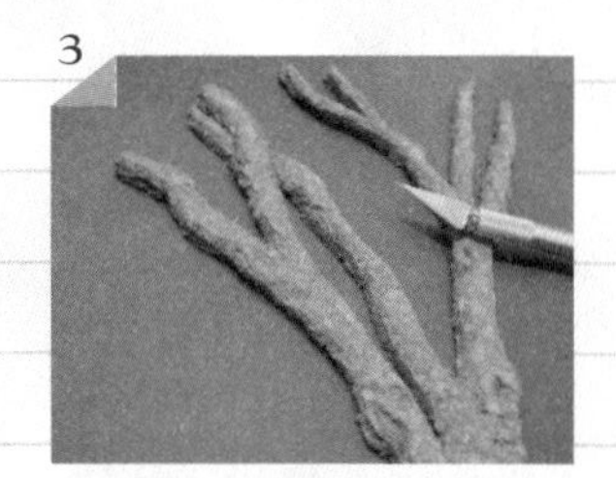

以笔刀沿轮廓线切割，并用刀尖挑刻出立体感。

（步骤二）背景：

4

以万用黏土堆栈黏贴干燥花草，增加空间层次感。

1

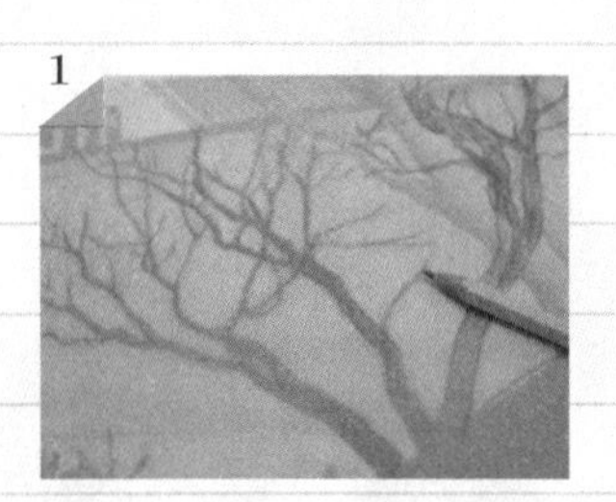

以描图纸勾勒出背景之树形轮廓。

2

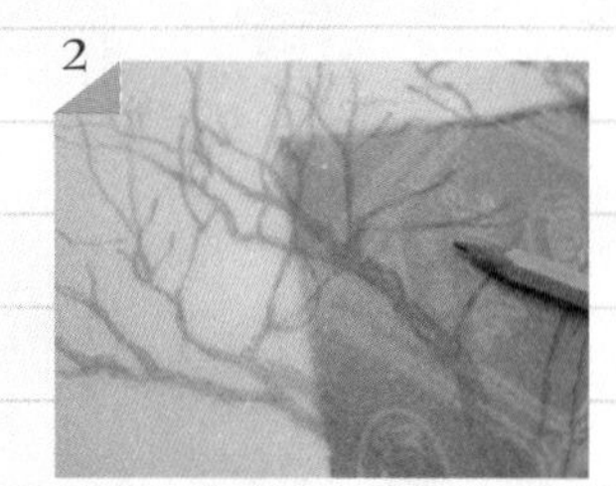

配合复写纸，将树形轮廓转绘于三号画布上。

3

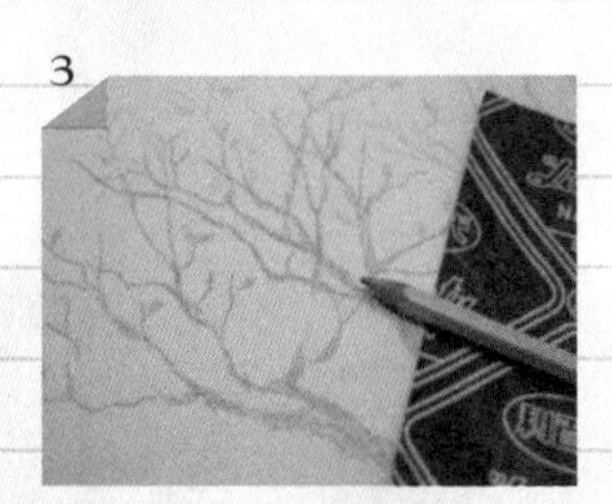

以铅笔补充细枝残影等细节光影部分。

4

选用具透明感的彩色墨水，渲染出淡彩背景。

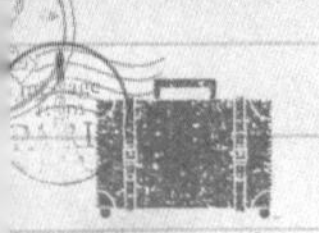

装小物的方盒也漂亮

Photo p.124
Design by Rosy

1

先准备一个方型纸盒，英文报纸和卷标卡片。

2

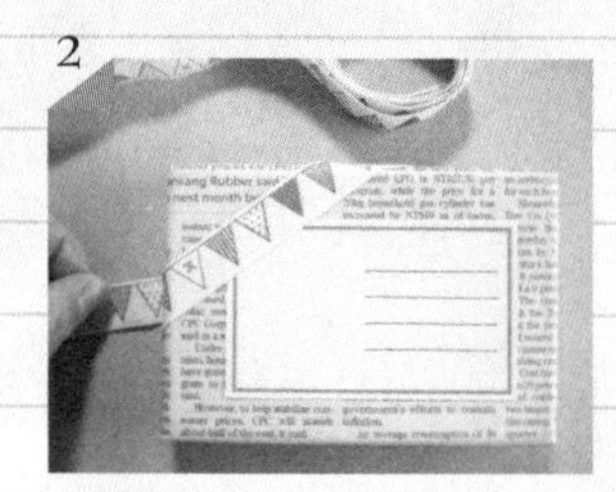

用英文报纸把盒盖整个包起来，贴上卷标卡片和小旗子织带。

3

拿出宽版蝴蝶结纸胶带，选用适合的蝴蝶结款式剪下贴上。

4

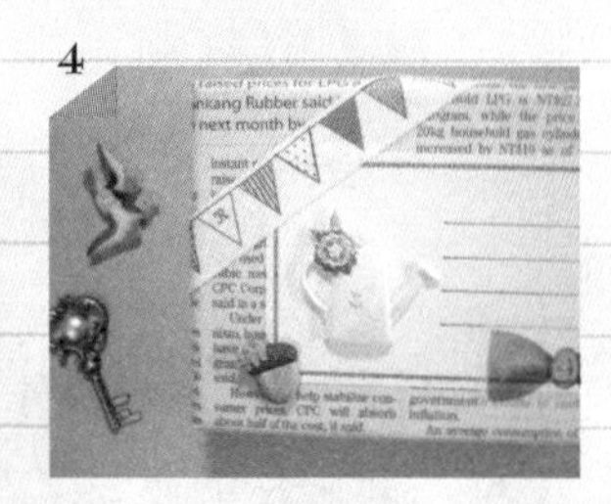

半立体的波丽贴纸有各种造型，在纸盒上贴上橡果和花朵浇水壶。

5

盒盖的边缘，可用布胶带围一圈当装饰，也增加盒子的耐用度。

6

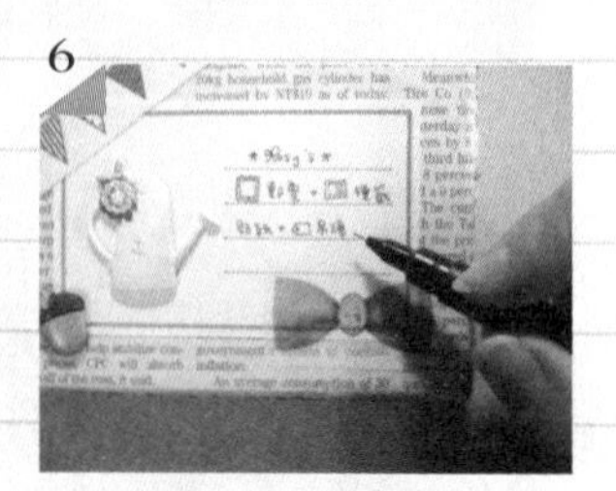

用细字签字笔，在卷标卡片上写下盒子里面的内容物，可以画上简单的小图，之后要找东西也更方便，这样就完成了！

旅行回忆底片小卡

Photo p.117
Design by 小西

1

相片纸、不要的底片、棉麻绳。

2

挑选好照片，以影像编辑软件裁切成宽度比底片较小的尺寸。

3

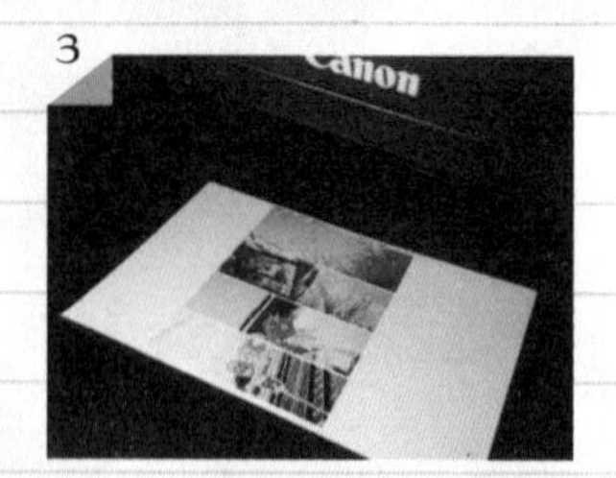

用相片纸以打印机打印（或可给照相馆冲洗）。

4

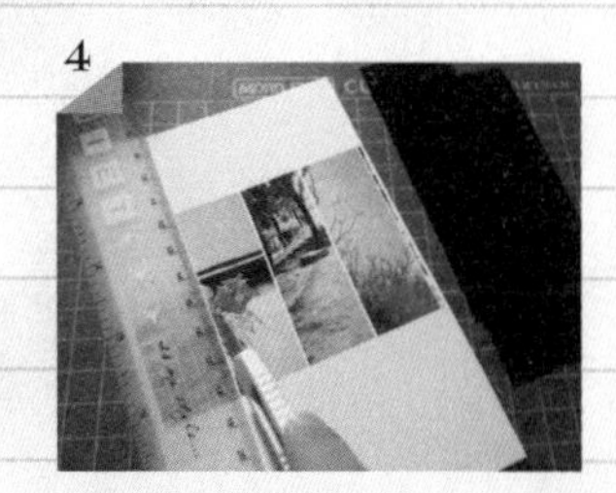

将印好的相片裁切成和底片相同的长度。

5

将相片黏贴于底片上。

6

以打洞机于顶端打上小洞，穿过棉麻绳。最后再用油性笔装饰上文字或小图，完成。

糖果造型磁铁

Photo p.116
Design by 小西

1

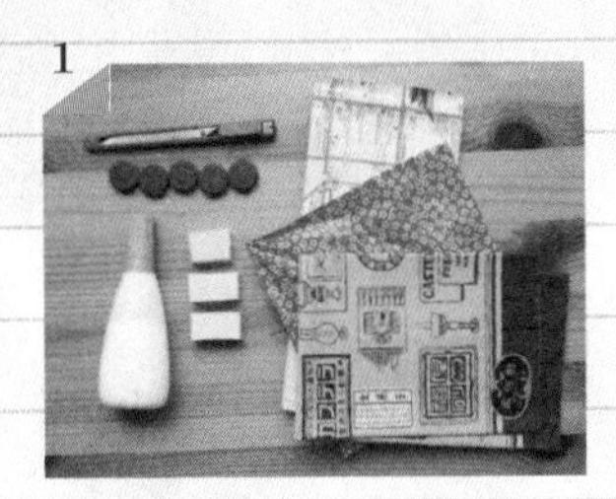

磁铁、橡皮擦、旅行中搜集的包装纸或地图。

2

将橡皮擦切割成与磁铁一样的大小。

3

用粘着剂将磁铁与橡皮擦黏合。

4

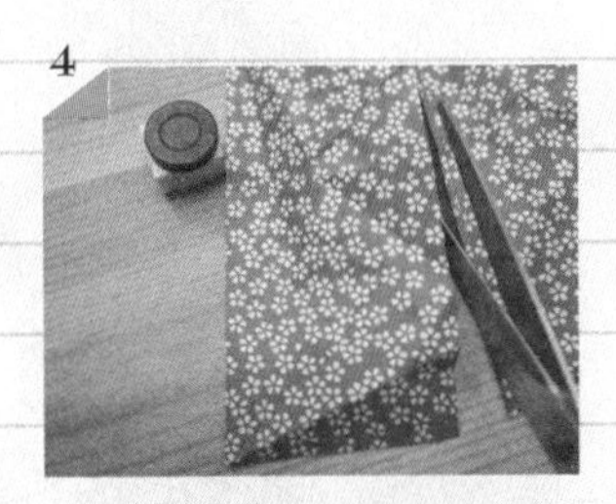

将包装纸裁切成可包里住磁铁的尺寸，左右多留一些。

5

将磁铁放置于包装纸中间。

6

完整包裹磁铁，并将两边转紧，完成。

色纸拼贴笔记本封面

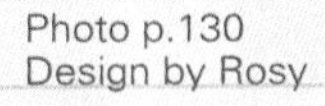

Photo p.130
Design by Rosy

1

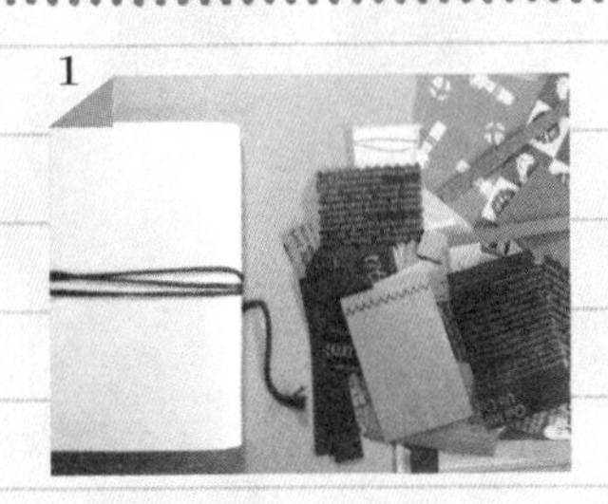

准备一本随身小册子笔记本，把剪剩的各种色纸余料摊开来。

2

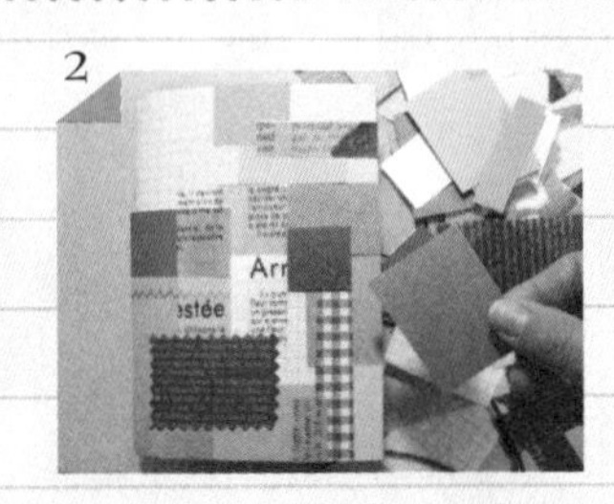

依照笔记本封面的大小，把色纸的碎片一一拼接在一起，可搭配喜欢的颜色，穿插印有英文字的纸片，可以增加层次喔！

3

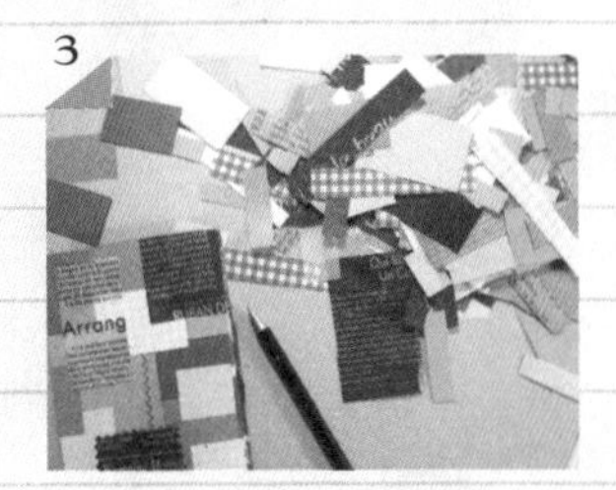

确定位置之后就把色纸黏贴在笔记本上，把封面完全覆盖住，背面的封底也是一样的做法。

4

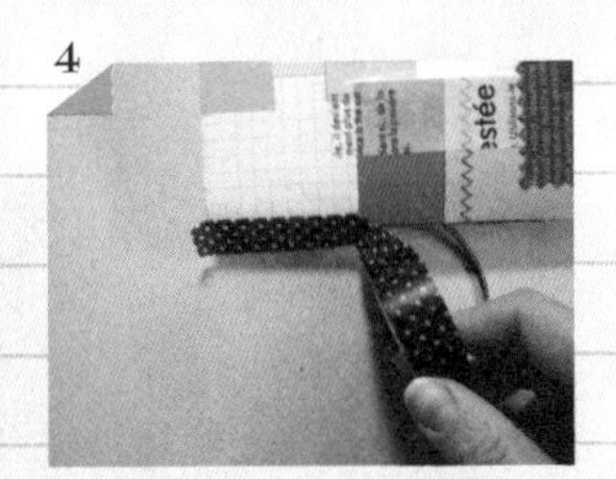

把纸胶带当成书背胶带使用，中间绑绳的部分，记得剪开一条线，才可以让绳子露出来。

5

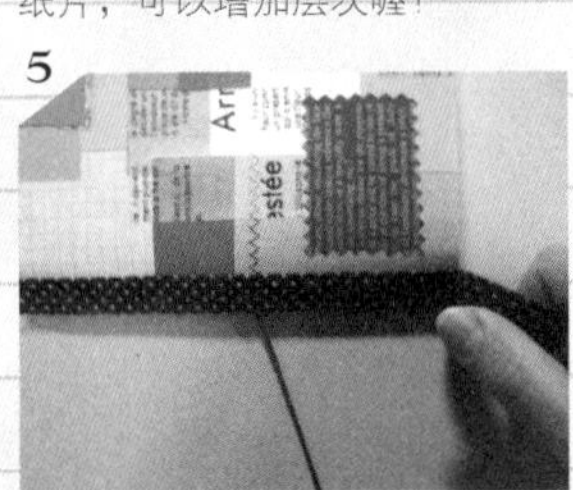

背面也一样在书背的位置贴上纸胶带，就完成啦！

小房子收纳袋

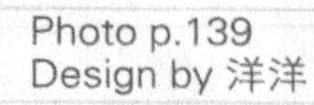
Photo p.139
Design by 洋洋

1

准备纸卡、印台、双面胶、彩色笔。再将简单的图案直接画在橡皮擦上。

2

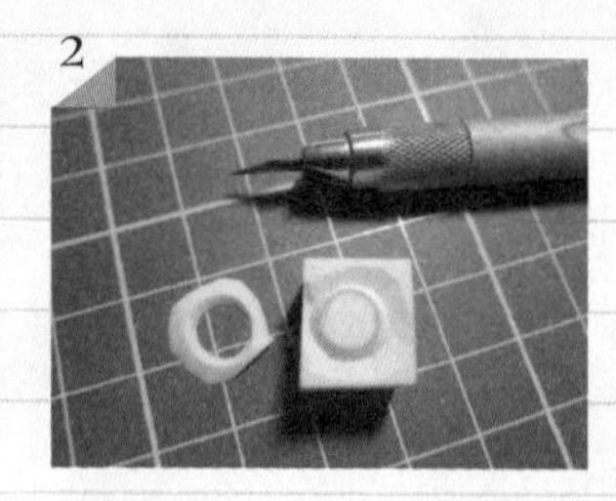

笔刀呈现 45 度，运用转橡皮擦的方式，笔刀维持同一个角度刻一圈。

3

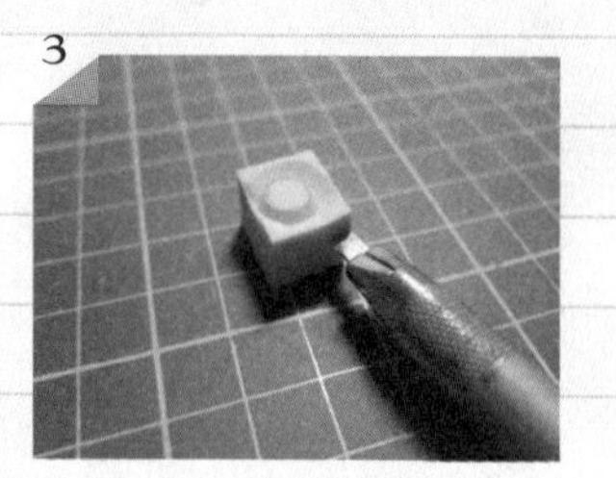

将笔刀垂直地依刚刚的刻痕再刻一次，然后平切掉不要的地方。

4

搭配出想要的小房子形状，各留 1.5cm 边（形状可以在屋顶、宽度的地方做变化）。

5

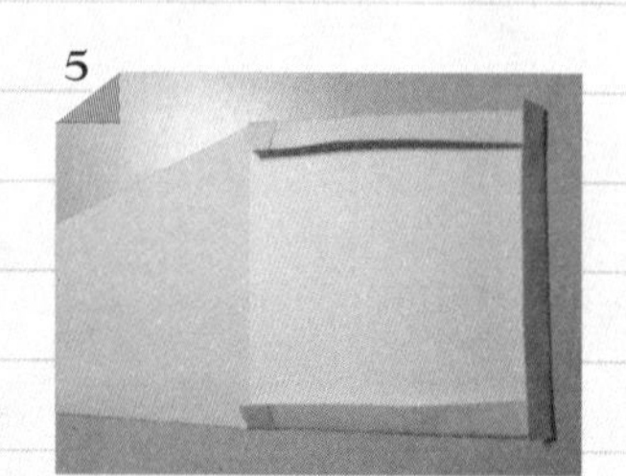

用双面胶黏合屋顶和房子，并将预留的地方向内折。将印章用不同的颜色连续盖印，可以做出深浅的效果。

6

把小房子黏上笔记本就完成了。

漂流，以鱼的姿态——漂流木摆饰

Photo p.128
Design by 杂粮面包

1

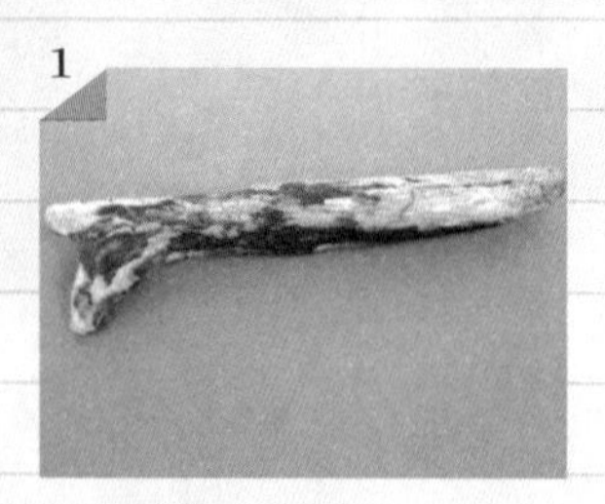

先将漂流木表面的砂土以牙刷清除，并除湿干燥。

2

挑选小漂流木片为鱼鳍，电钻钻孔后以螺丝固定。

3

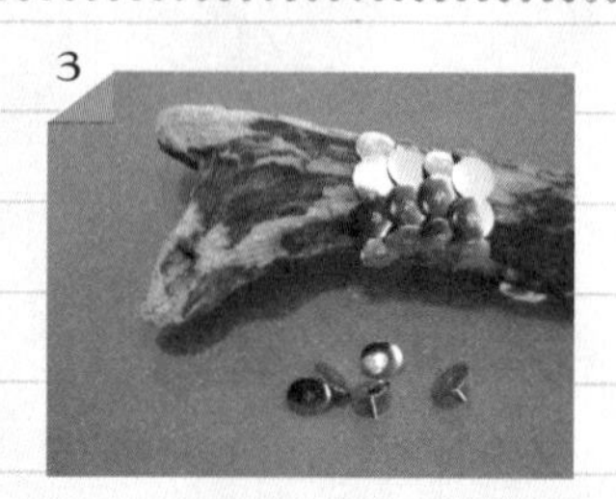

以图钉为鱼鳞，依循鱼鳞堆栈模式固定于漂流木上。

4

挑选小漂流木片钻孔搭配铝线，调整角度作为胸鳍。

5

搭配由漂流木块与粗铁丝制成的底座，漂流木有了新的姿态。

相机吊绳

Photo p.138
Design by 大宇人

1

材料：宽版韩国绒面皮绳、彩色细绳 10cm、布制胶带、针线。

2

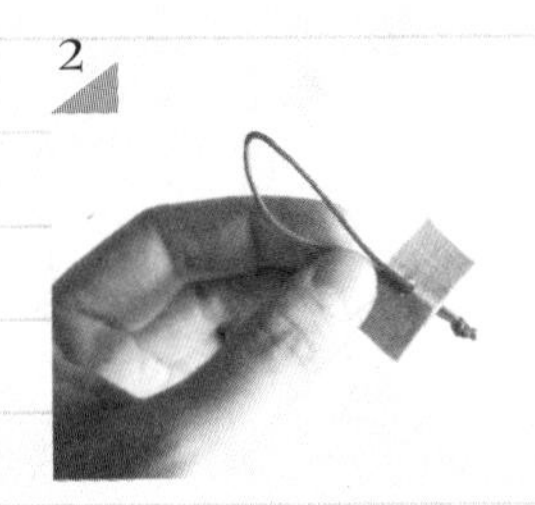

剪下一段布胶带在中间剪个小孔，将细绳两端打结穿过。

3

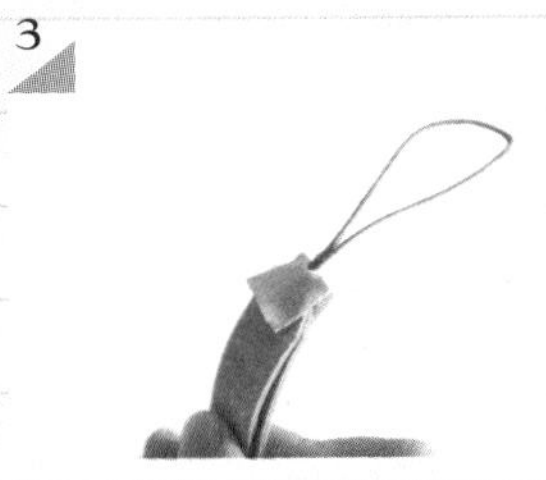

将韩国绒面皮绳两端与布胶带贴黏固定，也可以用万用胶加强强度固定。

4

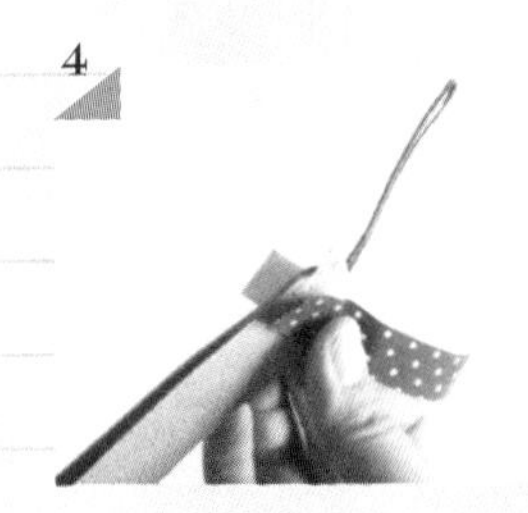

再拿出布胶带接合处绕皮绳一圈。

5

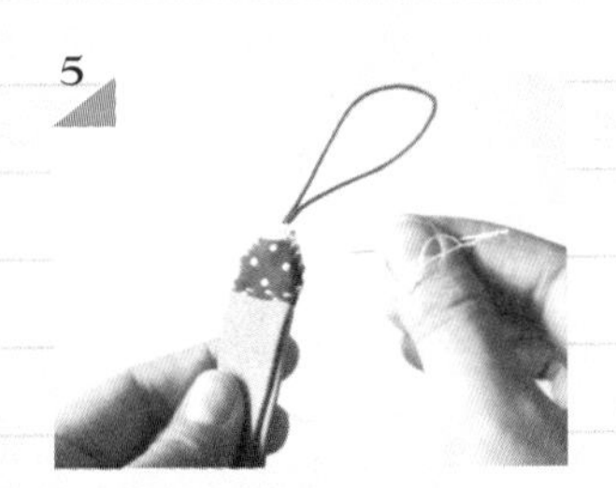

用剪刀将皮绳上端修剪出梯形，周围用回针缝收边。

6

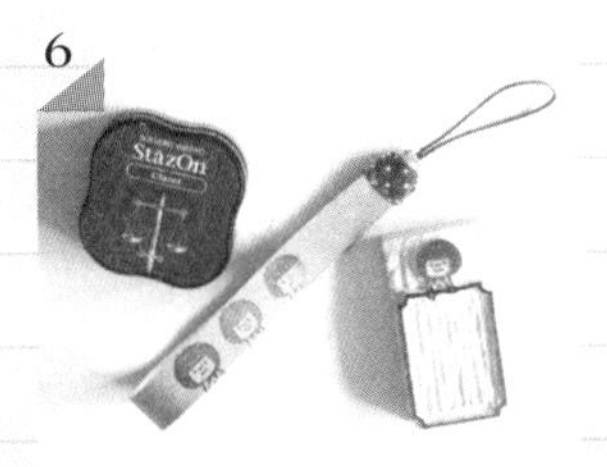

使用油性的印泥，于皮绳盖上印章后即完成。

简单中的美好——花器壁饰

Photo p.126
Design by 杂粮面包

1

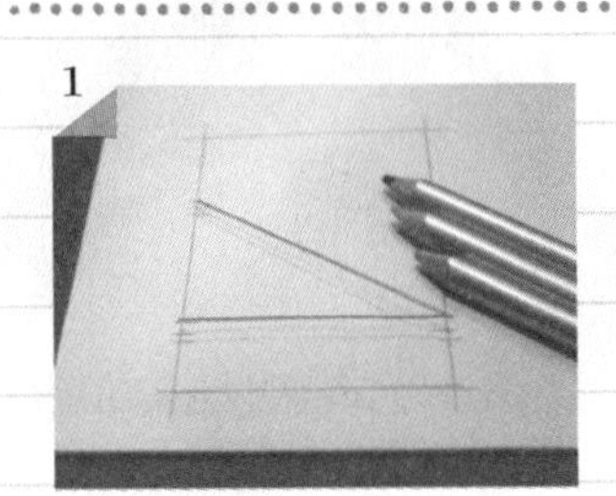

选择毛线颜色与交叠方式，绘制草图。

2

依设计草图将图钉定位。

3

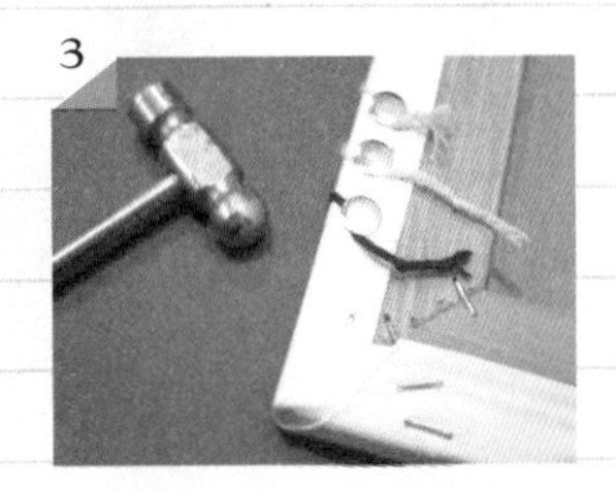

将毛线打结避免散开，绑于图钉上钉入木框。

4

将植株根部土壤洗净后，移入玻璃试管栽植。

5

将玻璃试管植株，固定于毛线重合交迭处。

自腐朽中绽放——漂流木摆饰

Photo p.129
Design by 杂粮面包

1

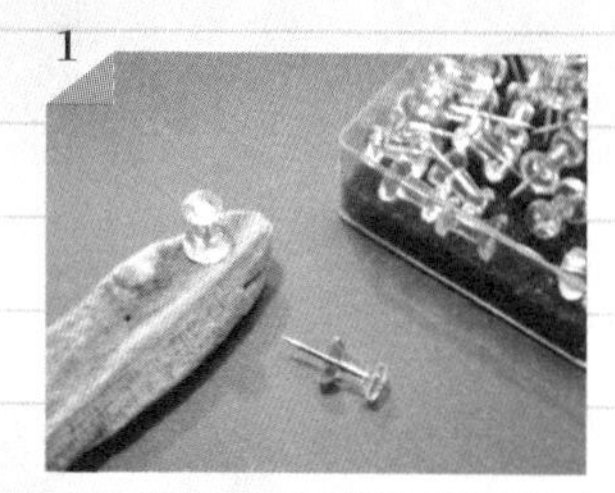

于漂流木片背面，三顶点位置钉入美试图钉为脚柱。

2

于木片三分之二位置处先以小钻头钻孔，孔径参考试管直径。

3

以较大钻头完成钻孔，并修饰钻孔边缘。

4

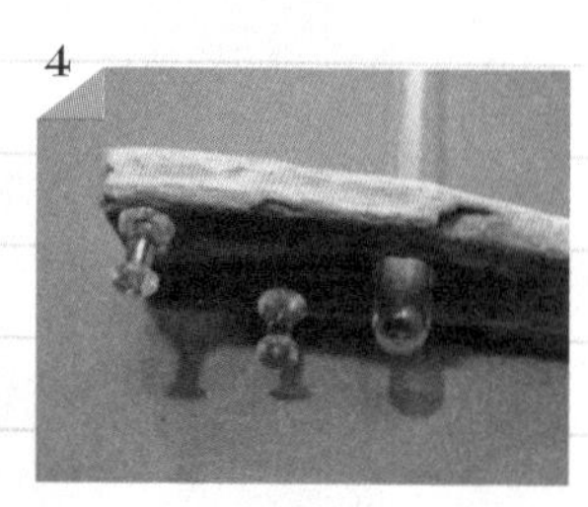

以小钻头钻孔，配合万用黏土固定干燥的自然素材。

5

6

搭配干燥的自然素材，漂流木绽放出生命的风采。

鲸鱼的小花园——花器摆饰

Photo p.127
Design by 杂粮面包

1

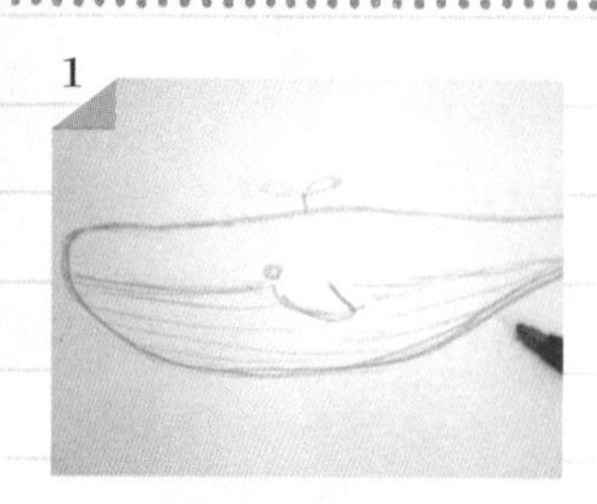

先以铅笔画出鲸鱼的草图。

2

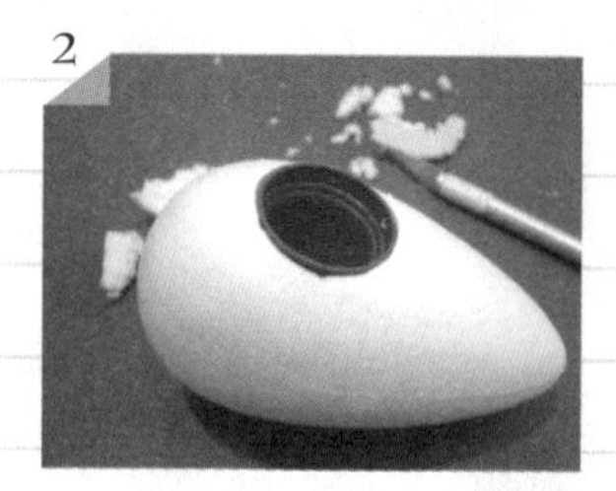

将一寸塑料盆，镶嵌入水滴型的保丽龙坯体。

3

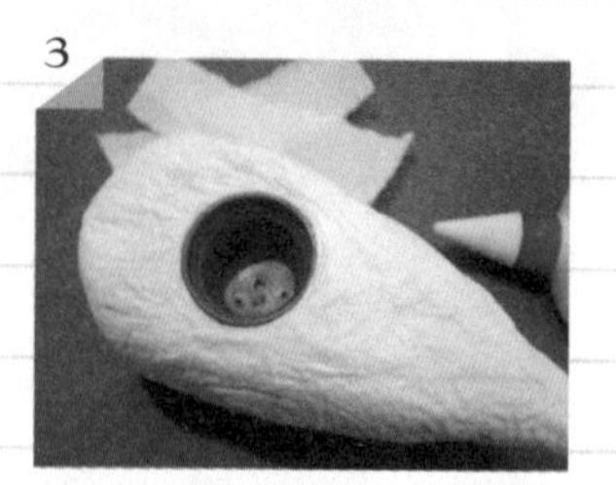

厨房纸巾搭配白胶，以堆栈方式包裹保丽龙坯体。

4

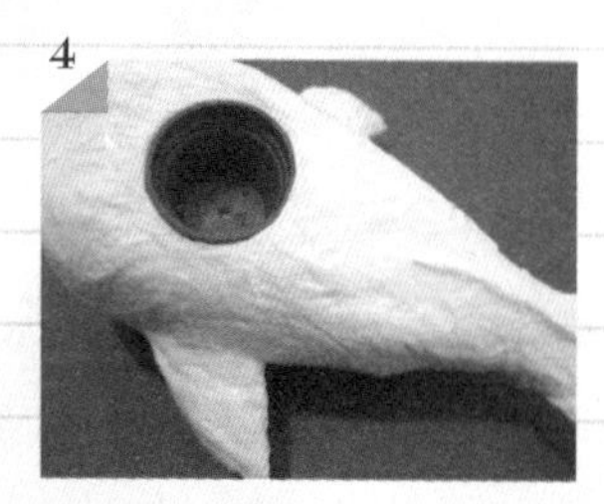

完成鲸鱼身躯后，自身躯延展出胸鳍和尾鳍部分。

5

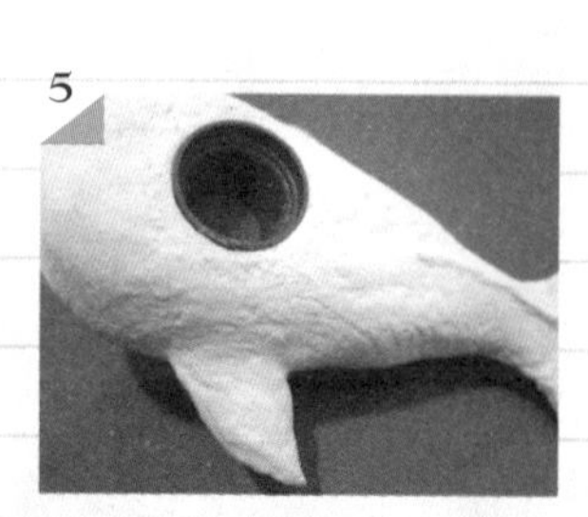

以坯土修饰细部，配合透明指甲油呈现釉料光泽。

餐具包装

Photo p.136
Design by 大宇人

1

材料：染料系印台、印章、餐巾纸、透明塑料袋、纸胶带。

2

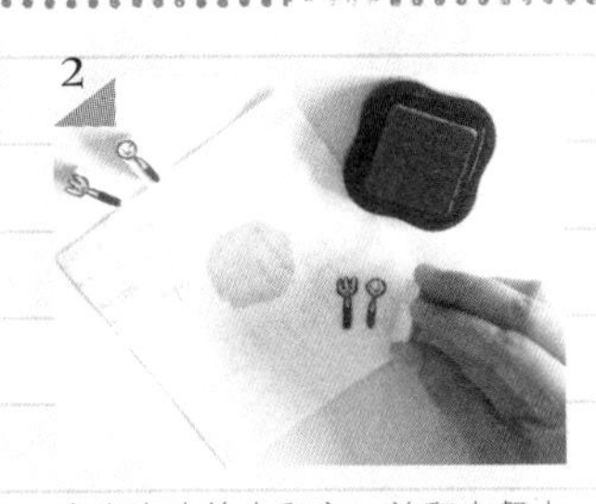

拿出喜欢的小印章，盖印在餐巾纸边缘的部分。

3

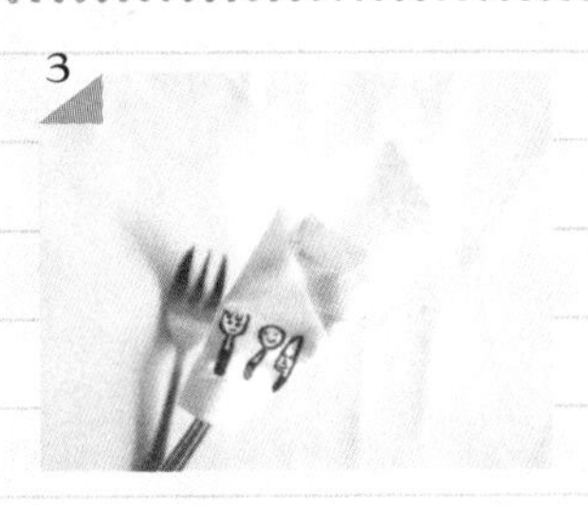

将餐具包裹起来，贴上纸胶带固定。

4

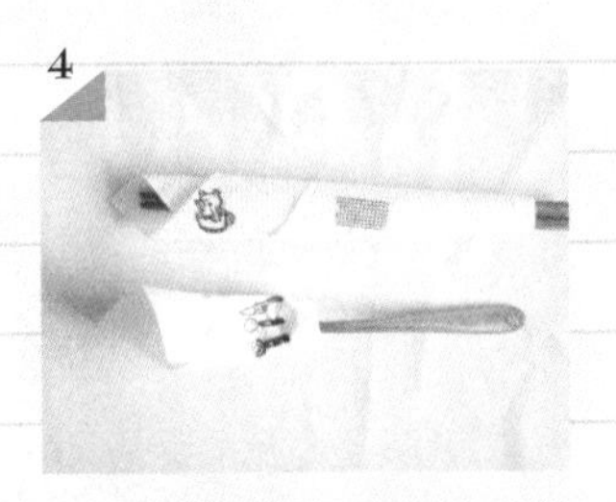

汤匙、筷子等餐具，经过这一番装饰之后都可爱了起来，而且还有防尘的效果！

5

染料性的印台可使用于金属、玻璃、塑料等光滑表面上，所以拿起你的印章在塑料袋上盖上可爱的花样吧！

6

平凡的透明塑料袋，经过盖印和纸胶带装饰后，里面的小饼干看起来更好吃了！

彩虹一样的手帐贴纸

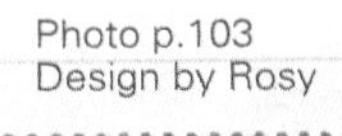
Photo p.103
Design by Rosy

1

准备一般常见的空白自黏性标签、色铅笔和彩色墨水。

2

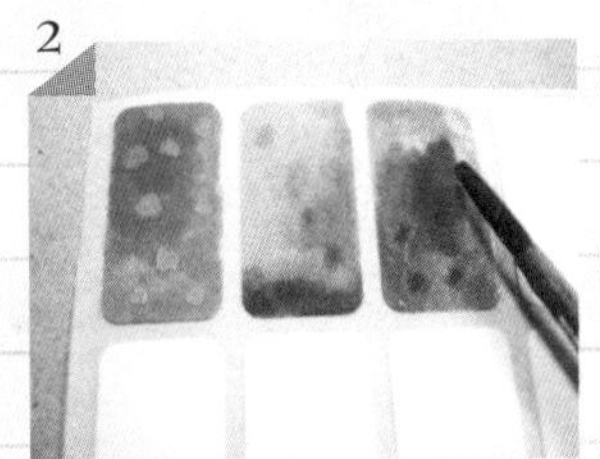

用笔头较细的水彩笔，沾取彩色墨水然后轻轻涂在空白的标签贴纸上，可做混色的渲染或叠色，但要小心水不要加太多，也不要来回涂抹太多次喔！

3

每一个标签贴都像一个小方格，自由填满色彩和图案吧！格子、圆点、斜纹等基本造型也很好运用。

4

待彩色墨水都干了之后，可以用色铅笔再做加工，画上更细致的图案，就完成一张自己设计的专属贴纸了！

旅行标本挂画

Photo p.118
Design by Nydia

1

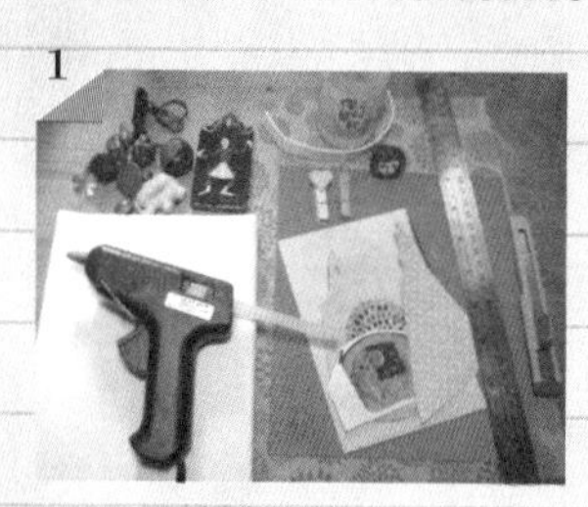

材料用具：0号画布、热融胶枪、保丽龙胶、荧光粉红色纸、绿色圆点美术纸、花型透明描图纸、泡绵胶、尺、刀片、小木夹2个、伴手礼等媒材。

2

将荧光粉红色纸涂满保丽龙胶，贴于画布上。

3

侧边的部分可以切割一道斜角，较容易包裹画布。

4

测量花型描图纸摆放的尺寸。

5

用手撕的方式撕下描图纸。绿色圆点美术纸也是依照相同方法制作，并且先摆放在画布上调整位置。

6

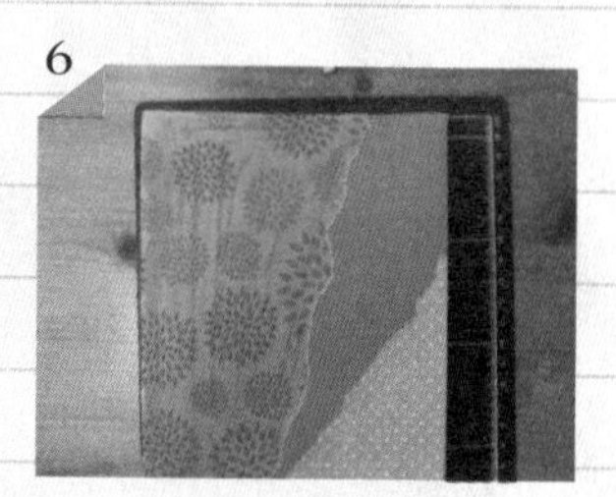

用保丽龙胶黏贴固定。

7

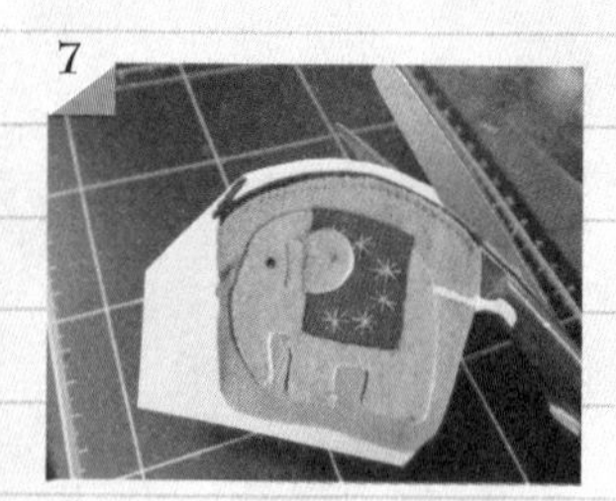

沿着物件外形将照片剪下。

8

将所有对象先摆放于画布上确定位置。

9

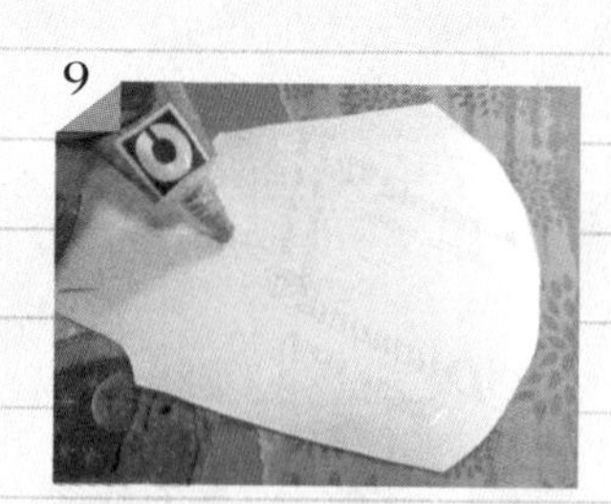

背心照片和磁铁用相片胶黏贴。

10

小钱包照片用泡绵胶浮贴。

11

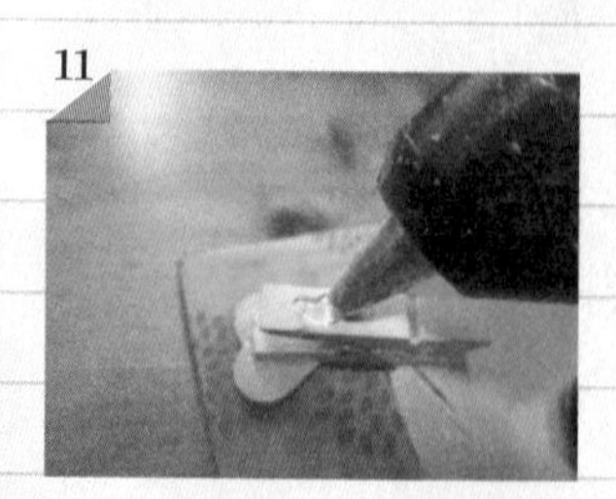

小木夹用热融胶枪固定。

12

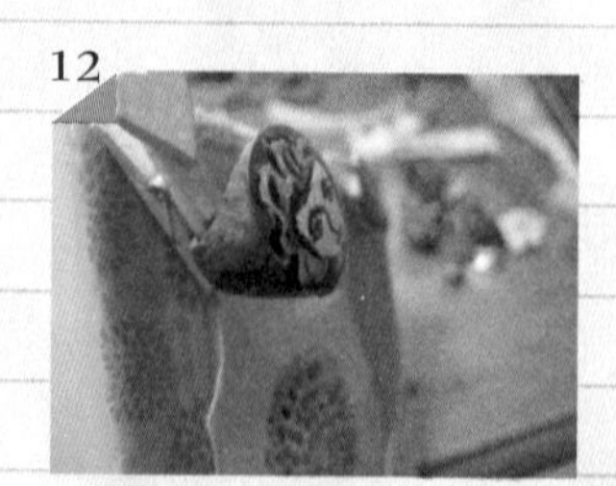

小木夹1夹上手绘木头戒指、小木夹2夹上大象钥匙圈后即完成。

心想事成平安御守

Photo p.105
Design by Rosy

1

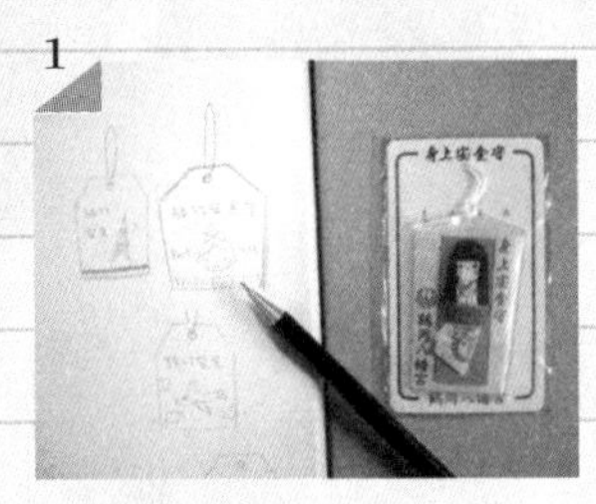

参考日本御守的形式设计，在笔记本里画上草稿。

2

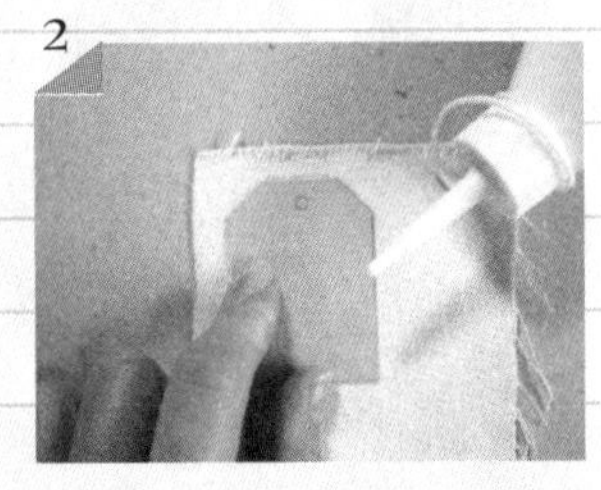

把厚磅牛皮纸裁切成御守的形状，正面用白胶裱上一层素色棉麻布。

3

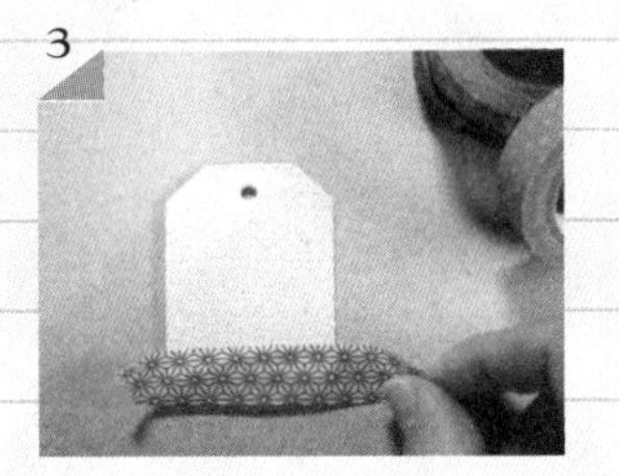

边缘用纸胶带装饰，可选择和风设计的纸胶带来使用。

4

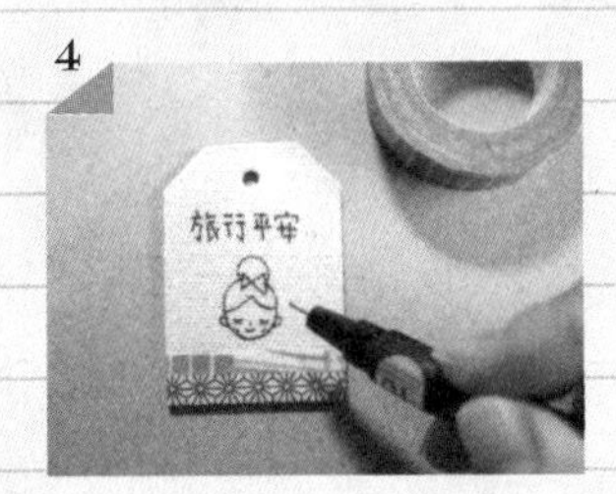

用代针笔在中间画上女孩的头像图案。

5

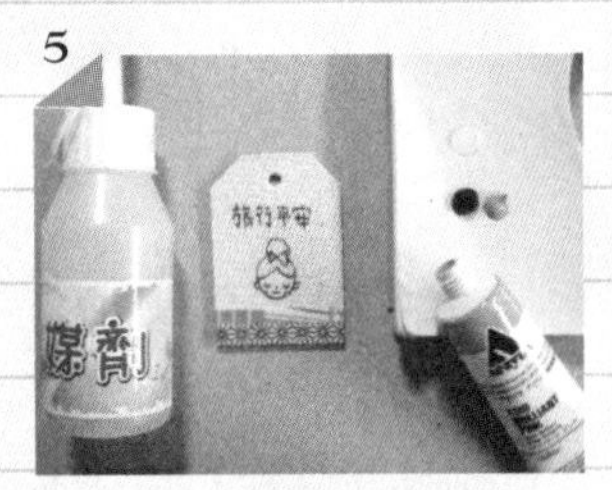

使用亚克力颜料，用 1:1 的比例混合布画媒剂，使亚克力颜料干涸在布上时，不会结成硬块，而是渗透在纤维里。

6

因为图案很小，所以挑选小号的水彩笔比较方便上色。

7

取出红白相间的棉线，穿过御守上方的小洞，在适当的长度打结，就完成了。

图书在版编目（CIP）数据

文具手帖：旅行去！ / 大宇人等著. — 北京：九州出版社, 2014.6

ISBN 978-7-5108-3053-2

Ⅰ. ①文… Ⅱ. ①大… Ⅲ. ①文具－设计－作品集－中国 Ⅳ. ①TS951

中国版本图书馆CIP数据核字（2014）第130666号

文具手帖：旅行去！

作　　者	大宇人等　著
出版发行	九州出版社
出 版 人	黄宪华
地　　址	北京市西城区阜外大街甲35号（100037）
发行电话	（010）68992190/3/5/6
网　　址	www.jiuzhoupress.com
电子信箱	jiuzhou@jiuzhoupress.com
印　　刷	北京中科印刷有限公司
开　　本	787毫米 × 1092毫米　16开
印　　张	12.25
字　　数	50 千字
版　　次	2014年7月第1版
印　　次	2014年7月第1次印刷
书　　号	ISBN 978-7-5108-3053-2
定　　价	45.00元

MANCHE
PAS DE CALAIS
BELGIQUE
Bruxelles
Lille
PAS DE CALAIS
Arras
NORD
Coblence
SOMME
Amiens
AISNE
Mézières
LUXEMBOURG
SEINE INFÉRIEURE
Rouen
OISE
Laon
ARDENNES
Beauvais
MEUSE
Metz
EURE
Caen
Châlons-sur-Marne
MOSELLE
CALVADOS
Evreux
SEINE
SEINE-ET-MARNE
MARNE
Bar-le-Duc
Nancy
Versailles
PARIS
ORNE
MEURTHE-ET-MOSELLE
Chartres
SEINE ET OISE
Melun
AUBE
HAUTE MARNE
VOSGES
Alençon
MAYENNE
SARTHE
EURE-ET-LOIR
Troyes
Epinal
Laval
Le Mans
Orléans
YONNE
Chaumont
LOIRET
Auxerre
Vesoul
Blois
HAUTE-SAONE
Angers
Tours
LOIR-ET-CHER
NIÈVRE
Dijon
Besançon
MAINE ET LOIRE
INDRE-ET-LOIRE
Bourges
COTE D'OR
DOUBS
DEUX SÈVRES
INDRE
Nevers
JURA
CHER
SAONE-ET-LOIRE
Poitiers
Châteauroux
Bourbon-Lancy
Lons-le-Saunier
VENDÉE
Moulins
Mâcon
Niort
VIENNE
Guéret
ALLIER
Bourg
Genève
HAUTE SAVOIE
CHARENTE
Limoges
CREUSE
Clermont-Ferrand
LOIRE
RHONE
AIN
Annecy
CHARENTE INFre
Angoulême
HAUTE-VIENNE
PUY-DE-DOME
Lyon
Chambéry
Saint-Étienne
CORRÈZE
Grenoble
SAVOIE
Périgueux
Tulle
CANTAL
HAUTE LOIRE
Le Puy
DORDOGNE
ISÈRE
Aurillac
Privas
Valence
HAUTES-ALPES
LOZÈRE
ARDÈCHE
GIRONDE
LOT-ET-GARONNE
LOT
Cahors
Rodez
Mende
DROME
Gap
BASSES ALPES
Agen
TARN-ET-GARONNE
AVEYRON
GARD
VAUCLUSE
LANDES
Digne
Montauban
Albi
Nîmes
Avignon
Mont-de-Marsan
GERS
HÉRAULT
Auch
TARN
BOUCHES DU RHONE
Draguignan
Toulouse
Montpellier
VAR
Pau
Hte GARONNE
Marseille
Tarbes
Carcassonne
Foix
MÉDITERRANÉE
HAUTES-PYRÉNÉES
ARIÈGE
AUDE
Perpignan
PYRÉNÉES

Bruxelles
BELGIQUE
MANCHE
PAS DE CALAIS
Lille
PAS DE CALAIS
Arras
NORD
SOMME
AISNE
Amiens
Mezières
SEINE INFÉRIEURE
Rouen
OISE
Laon
ARDENNES
Beauvais
LUXEMBOU
EURE
MEUSE
Metz
MANCHE
Caen
Châlons-sur-Marne
Saint-Lô
CALVADOS
Evreux
SEINE
MOSELL
Versailles
SEINE ET MARNE
MARNE
Bar-le-Duc
Nancy
ORNE
PARIS
Chartres
SEINE ET OISE
Melun
AUBE
HAUTE MARNE
MEURTHE-ET MOSELLE
ILLE-ET VILAINE
MAYENNE
Alençon
SARTHE
EURE-ET-LOIR
Troyes
VOSGES
Rennes
Laval
Le Mans
YONNE
Chaumont
Orléans
LOIRET
Vesoul
Auxerre
Blois
INFÉRIEURE
Angers
Tours
LOIR-ET-CHER
HAUTE-SAONE
Dijon
MAINE ET LOIRE
INDRE-ET LOIRE
Bourges
NIÈVRE
Besanç
Nantes
INDRE
COTE D'OR
DOUBS
DEUX SÈVRES
Nevers
JURA
Roche-sur-Yon
Poitiers
CHER
SAONE ET LOIRE
Châteauroux
Bourbon-Lancy
Lons-le-Saunier
VENDÉE
Moulins
Mâcon
Niort
VIENNE
Guéret
Bourg
Genève
ALLIER
HAUTE SAVOIE
Rochelle
CHARENTE
Limoges
CREUSE
Clermont-Ferrand
LOIRE
RHONE
AIN
Annecy
CHARENTE INF.RE
Angoulême
HAUTE-VIENNE
Lyon
Chambery
PUY-DE-DOME
Saint-Etienne
CORRÈZE
Périgueux
Tulle
HAUTE LOIRE
Grenoble
CANTAL
DORDOGNE
Le Puy
ISÈRE
BORDEAUX
Aurillac
Privas
Valence
LOT
LOZÈRE
HAUTES ALPES
LOT-ET-GARONNE
ARDÈCHE
GIRONDE
Cahors
Rodez
Mende
DROME
Gap
Agen
BASSES ALPES
TARN ET GARONNE
LANDES
AVEYRON
GARD
VAUCLUSE
Montauban
Albi
Avignon
Digne
Mont-de-Marsan
GERS
Nîmes
HÉRAULT
Auch
TARN
BOUCHES DU RHONE
Toulouse
Montpellier
Draguignan
BASSES-PYRÉNÉES
Pau
H.TE GARONNE
VAR
Tarbes
Marseille
Carcassonne
Foix
MÉDITERRANÉE
HAUTES-PYRÉNÉES
ARIÈGE
AUDE
PYRÉNÉES
Perpignan